주기율표

THE PERIODIC TABLE: A Very Short Introduction, First Edition

First edition was originally published in English in 2011.
Korean translation rights arranged with Oxford University Press
through EYA(Eric Yang Agency).

첫단추 시리즈
031

주기율표

에릭 셰리 지음
김명남 옮김

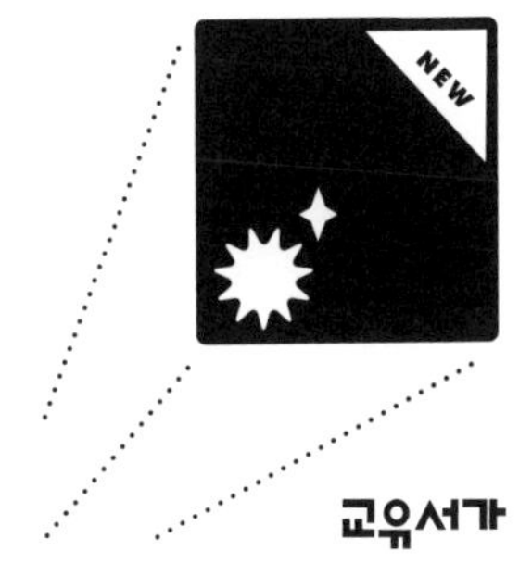

교유서가

차례

서론

주기율표의 경이로움을 이야기하는 글은 정말 많다. 예를 몇 가지만 들어보자.

주기율표는 자연의 로제타석이다. 잘 모르는 사람의 눈에 주기율표는 그저 숫자가 매겨진 칸들이 100개 남짓 있고, 그 칸마다 알파벳이 하나나 둘씩 들어 있고, 그것들이 뭔가 살짝 일그러진 대칭에 따라 정렬된 것으로만 보인다. 그러나 화학자에게 주기율표는 물질의 구성 원리, 즉 화학의 구성 원리를 드러내는 자료다. 근본적인 차원에서는 화학의 전부가 주기율표에 담겨 있다고 말할 수도 있다.

그렇다고 해서 물론 화학의 전부가 주기율표로부터 명백하게 도

출된다는 말은 아니다. 전혀 그렇지 않다. 하지만 주기율표의 구조는 원소들의 전자 구조를 반영하고, 따라서 원소들의 화학적 성질과 행태를 반영한다. 그러니 어쩌면 화학의 전부가 주기율표에서 시작된다고 말하는 편이 더 적절할 수도 있겠다.
(루디 바움, 〈케미컬 & 엔지니어링 뉴스〉의 원소 특별판 중)

천문학자 할로 섀플리는 이렇게 썼다.

주기율표는 인간이 지금까지 고안한 것 중 가장 압축적이고 유의미한 지식 꾸러미일 것이다. 주기율표와 물질의 관계는 지질연대표와 우주 시간의 관계와 같다. 주기율표의 역사는 곧 인류가 미시세계를 정복해온 위대한 이야기다.

화학사학자 로버트 힉스는 인터넷 팟캐스트에서 이렇게 말했다.

모든 과학 분야를 통틀어서 대중에게 가장 널리 알려진 상징이 바로 원소 주기율표일 것입니다. 주기율표는 원자와 분자가 어떻게 조합되어 우리가 아는 물질을 만들어내는가 하는 문제를 이해하게끔 해주는 모형입니다. 세상이 가장 미시적인 수준에서 어떻게 조직되어 있는가를 이해하게끔 해주는 모형입니다. 주기율표는 과거 역사를 거치면서 조금씩 변해왔습니다. 새로 발견된 원소가 추가되기도 했고 기존에 있던 원소가 반증되어 수정되거나 제거되기도 했습니다. 주기율표는 이런 방식으로 화학의 옛 역사를 간직한 저장소이고, 현재 화학의 발전을 뒷받침하는 뼈대이고, 나아가 미래에 화학 연구의 토대로 기능할 것입니다. (…) 주기율표는 세상의 가장 기본적인 구성 요소를 알려주는 지도입니다.

마지막 예는 이른바 '두 문화'에 대한 글로 유명한 물리화학자 C. P. 스노의 글이다.

[주기율표를 처음 배웠을 때] 뒤죽박죽 아무렇게나 있던 사실들이 질서 있게 가지런히 정돈되는 것 같았다. 어릴 때 배웠던 무기화학 공식들, 난장판처럼 엉망진창이던 공식들이 눈앞에서 스스로 하나의 체계를 이루는 것 같았다. 꼭 내가 정글 옆에 서 있는데 그 정글이 갑자기 네덜란드풍 정원으로 변신하는 것 같았다.

주기율표의 특별한 점은 그것이 단순하고 친숙한 도표이면서도 과학에서 정말로 근본적인 지위를 차지하고 있다는 점이다. 주기율표의 단순함은 위의 인용문들에 잘 표현되어 있다. 주기율표는 모든 물질을 구성하는 가장 기본적인 요소들을 조직한 체계인 듯하다. 주기율표는 또 대부분의 사람들에게 친숙하다. 화학을 기초만 배운 사람이라도 수업에서 배웠던 다른 내용은 다 잊었을지언정 주기율표의 존재만큼은 보통 기억한다. 주기율표는 거의 물 분자의 화학식만큼 모두에게 친숙하다. 그래서인지 예술가들, 광고인들, 그리고 물론 온갖 분야의 과학자들이 사용하는 진정한 문화적 상징이 되었다.

그러나 주기율표는 비단 화학을 가르치고 배우는 도구에 지나지 않는 것이 아니다. 주기율표는 지구 만물의 자연스러운 질서를 반영한 체계이고, 지금 우리가 아는 한계 내에서 하는 말이지만, 아마도 더 나아가 온 우주의 질서를 반영한 체계일 것이다. 주기율표는 화학원소들을 분류하여 여러 개의 세로열로 묶은 체계다. 만일 화학자가, 혹은 아직 화학을 공부하는 학생이라도, 개중 한 집단의 원소들 중 전형적인 한 원소의 성질을 안다면 그는 같은 집단에 속하는 다른 원소들의 성질도 쉽게 추측할 수 있을 것이다. 가령 나트륨의 성질을 안다면 칼륨, 루비듐, 세슘의 성질도 알 수 있을 것이다.

더 근본적으로, 주기율표에 담긴 질서는 우리로 하여금 원자의 구조를 더 깊이 이해하게 해주었다. 전자가 특수한 껍질과 오비탈(orbital, 궤도 함수라고도 한다)에 담겨서 핵 주변을 돈다는 개념을 더 깊이 이해하도록 해주었다. 거꾸로 전자 배치에 관한 이 깨달음이 나중에는 주기율표를 합리화하는 데 도움을 주었다. 전자 배치는 왜 나트륨, 칼륨, 루비듐 등이 애초에 같은 집단으로 묶이는가 하는 문제를 설명해주기 때문이다. 그러나 이보다 더 중요한 점은 과학자들이 원래 주기율표를 이해하고자 발전시켰던 원자 구조 지식이 이후 과학의 다른 분야들에도 널리 적용되었다는 점이다. 원자 구조에 관한 지식은 처음에는 옛 양자 이론에 기여했고, 다음에는 그 이론의 성숙한 사촌 격인 양자역학에 기여했다. 양자역학은 지금까지도 물리학의 근본 이론으로 기능하면서 물질의 행태뿐 아니라 가시광선, 엑스선, 자외선 등등 형태를 불문하고 모든 복사선의 행태까지 설명해준다.

19세기에 이루어진 대부분의 과학적 발견들과는 달리, 주기율표는 20세기와 21세기의 발견들로 인해 반박되지 않았다. 그렇기는커녕 특히 현대 물리학의 발견들은 과학자들이 주기율표를 더 가다듬고 그때까지 남아 있던 몇몇 변칙적 사실을 정리하는 데 도움이 되었다. 어쨌든 주기율표의 전반적인 형태와 타당성은 조금도 손상되지 않았으며, 이 사실은 이 지식 체계의 놀라운 힘과 깊이를 증명하는 또하나의 증거다.

이 책은 주기율표를 살펴보기에 앞서 우선 그 속에 담긴 요소들, 즉 화학원소들을 살펴볼 것이다. 그다음 현대의 표준 주기율표와 몇 가지 변형 형태를 짧게 살펴보고 3장부터 본격적으로 주기율표의 역사와 우리가 주기율표에 관하여 현재의 지식을 얻은 과정을 살펴볼 것이다.

제 I 장

원소

고대 그리스 철학자들은 흙, 물, 공기, 불의 네 원소만을 인정했다. 이 네 원소는 점성술에서 말하는 열두 별자리의 하위 부문이 되어 지금까지 전해진다. 어떤 철학자들은 이 원소들이 그보다 더 작고 모양이 제각각 다른 요소로 구성되었고 그 요소들이 이 원소들의 다양한 성질을 설명해준다고 믿었다. 네 원소의 기본 형태는 플라톤 다면체, 즉 정삼각형이나 정사각형 같은 똑같은 2차원 도형으로만 구성된 다면체라고 믿었다(그림 1). 그리스인들에 따르면, 흙은 작디작은 정육면체 입자로 구성되어 있다. 플라톤 다면체들 가운데 정육면체의 표면적이 제일 넓다는 사실에 착안한 연관관계였다. 한편 물이 유동적인 것은 다른 플라톤 다면체들보다 더 부드럽게 생긴

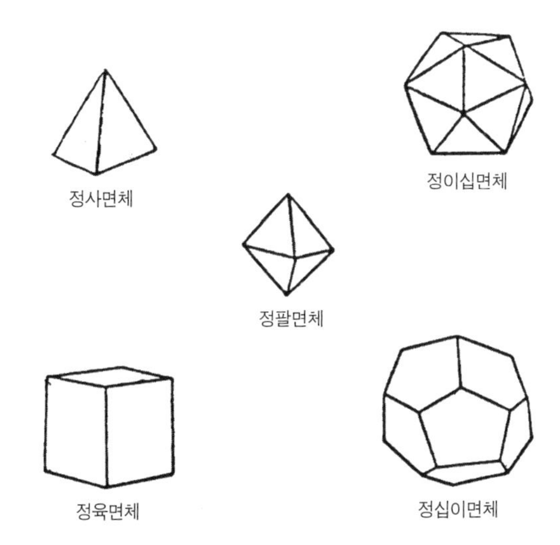

1. 플라톤 다면체. 각각 서로 다른 고대 원소와 연관되었다.

정이십면체로 이루어졌기 때문이라고 했고, 불이 사람에게 닿으면 고통을 일으키는 것은 뾰족한 정사면체 입자로 이루어졌기 때문이라고 했다. 공기가 정팔면체로 이루어졌다고 본 것은 남은 플라톤 다면체가 그것뿐이었기 때문이다. 그러나 얼마 후 수학자들이 다섯번째 플라톤 다면체인 정이십면체를 발견했고, 그래서 아리스토텔레스는 다섯번째 원소가 있을지도 모른다는 제안을 냈다. 그 이른바 '제5원소'는 '에테르'라고 불리게 되었다.

원소가 플라톤 다면체로 이루어졌다는 생각은 오늘날 틀린 생각으로 여겨진다. 그러나 이 생각으로부터 한 가지 유익한 개념이 비롯했으니, 물질을 구성하는 미시 요소의 구조가 물질의 거시 성질을 좌우한다는 개념이었다. 고대의 '원소'들은 중세 넘어서까지 살아남았으며, 여기에 현대 화학자들의 선배 격인 연금술사들이 발견한 새 원소가 몇 가지 추가되기도 했다. 연금술사들이 추구했던 목표 중 가장 중요한 것이 바로 이 원소들을 변성시키는 일이었다. 연금술사들은 특히 비귀금속인 납을 귀금속인 금으로 바꾸려고 애썼다. 금은 멋진 색깔, 희귀성, 화학적 안정성 덕분에 인류 문명이 시작한 무렵부터 가장 귀하게 여겨진 물질이었다.

그러나 그리스 철학자들은 '원소'라는 용어를 실제로 존재할 수 있는 물질을 가리키는 뜻 외에도 원소의 관찰 가능한 성질을 일으키는 어떤 원리 혹은 경향성이나 잠재성을 가리키는 뜻으로도 썼다. 추상적 개념의 원소와 관찰 가능한 형태의 원소를 나눈 이 미묘한 구분은 이후 화학이 발달하는 과정에서 중요한 역할을 했지만, 요즘은 전업 화학자들조차 둘 중 더 섬세한 의미는 잘 알지 못한다. 그러나 추상적 원소 개념은 주기율표의 제일 중요한 발견자인 드미트리 멘델레예프를 비롯하여 주기율표를 개척했던 몇몇 연구자들에게 근본적인 길잡이 원리로 기능했다.

오늘날 대개의 교과서들은 화학이 고대 그리스 철학과 연금술로부터 등돌렸을 때, 즉 원소의 성질을 신비주의적으로 설명하는 시각으로부터 등돌렸을 때 비로소 제대로 시작되었다고 말한다. 현대 과학의 성과는 보통 좀더 직접적인 실험 기법을 채택한 덕분이었다고 이야기되는데, 그런 실험에서는 관찰 가능한 것만이 중요하게 여겨진다. 따라서 좀더 미묘한 의미이자 어쩌면 좀더 근본적인 의미일지도 모르는 추상적 원소 개념이 차츰 버려진 것은 놀라운 일이 아니었다. 일례로, 앙투안 라부아지에는 원소란 오직 경험적 관찰에 의존하여 정의되어야 한다고 주장함으로써 추상적 원소 또는 원리로서의 원소 개념을 격하시켰다. 라부아지에는 원소란 아직 그보다 더 근본적인 구성 요소로 분해된다는 사실이 확인되지 않은 물질이라고 정의했다. 1789년 라부아지에는 그 경험적 기

	이름
세상의 세 영역에 속하는 단순한 물질들, 그리고 인체를 구성하는 원소라고 볼 수 있는 단순한 물질들	빛 열 산소 질소 수소
산화될 수 있거나 산성화될 수 있는 단순한 비금속 물질들	황 인 탄소 염산 플루오르 붕소
산화될 수 있거나 산성화될 수 있는 단순한 금속 물질들	안티모니 은 비소 비스무트 코발트 구리 주석 철 망간 수은 몰리브데넘 니켈 금 백금 납 텅스텐 아연
염을 만드는 단순한 물질들	석회 마그네시아 바라이트 알루미나 실리카

2. 라부아지에가 '단순한 물질'이라고 부른 원소 목록.

준에 따라 33가지 단순한 물질, 즉 원소의 목록을 발표했다(그림 2). 고대의 흙, 물, 공기, 불의 4원소는 이제 그보다 더 단순한 물질로 구성되었다는 사실이 알려진 뒤였던지라 라부아지에의 목록에서는 합당하게 누락되었고, 그와 더불어 추상적 원소 개념도 누락되었다.

라부아지에의 목록에는 현대의 기준으로도 원소로 분류되는 물질이 많지만 빛과 열처럼 지금은 원소로 간주되지 않는 물질도 있다. 이후 화학물질을 분리하고 그 성질을 알아내는 기술이 빠르게 발전함에 따라, 화학자들은 이 목록을 더 확장할 수 있었다. 더 나중에는 다양한 복사선의 방출 및 흡수 스펙트럼을 측정하는 기법인 분광학이 등장하여 원소들을 각각이 지닌 '지문'에 따라 정확하게 알아볼 수 있는 수단이 되어줄 터였다. 오늘날 우리는 자연에 존재하는 원소를 약 90종 안다. 여기에 더해 인공적으로 합성된 원소도 25종 남짓 있다.

원소의 발견

철, 구리, 금, 은 같은 몇몇 원소는 인류 문명이 시작되었을 때부터 알려져 있었다. 이 사실은 이런 원소가 다른 원소와 결합하지 않은 상태로 존재할 수 있다는 점, 혹은 광물로부터 쉽게 분리된다는 점을 반영한 결과다.

역사학자들과 고고학자들은 인류사의 특정 시기를 철기 시대니 청동기 시대니(청동은 구리와 주석을 섞은 합금이다) 하는 이름으로 부른다. 그 기본 목록에 황, 수은, 인 등을 더한 것은 연금술사들이었다. 좀더 현대에 와서는 전기가 발견됨으로써 화학자들이 반응성이 좀더 큰 원소를 많이 분리할 수 있었는데, 이런 원소는 구리나 철과는 달리 무턱대고 광석을 목탄(탄소)과 함께 가열하기만 해서는 얻을 수 없었다. 화학사에는 불과 몇 년 만에 원소 대여섯 개가 잇따라 발견되었던 중요한 시기가 더러 있었다. 가령 영국 화학자 험프리 데이비는 전기를 써서, 더 구체적으로 말하자면 전기분해라는 기법을 써서 칼슘, 바륨, 마그네슘, 나트륨, 염소를 포함한 약 열 가지 원소를 분리해냈다.

이후 방사능과 핵분열이 알려지자 더 많은 원소가 발견되었다. 자연에 존재하는 원소에 국한했을 때 맨 마지막으로 분리된 일곱 원소는 프로트악티늄, 하프늄, 레늄, 테크네튬, 프랑슘, 아스타틴, 프로메튬이었고 발견 시기는 1917년에서 1945년 사이였다. 최후에 채워진 이 빈칸들 중 원자번호 43에 해당하는 원소는 그리스어로 '인공적인'을 뜻하는 단어 '테크네'에서 온 이름 '테크네튬'으로 불리게 되었는데, 이 원소가 방사화학적 반응에서 '만들어진' 원소였기 때문이다. 핵물리학이 등장하기 전에는 이런 발견이 가능하지 않았다. 그러나 현재는 테크네튬이 지구에 비록 극소량이지만 자연 상태로도 존재한다는 사실이 알려졌다.

원소의 이름

주기율표의 한 가지 매력은 원소들마다 성질이 다르다는 점, 이를테면 색깔이나 감촉 따위가 다양하다는 점에서 비롯한다. 그런데 그 이름들도 퍽 흥미롭다. 화학자이자 나치 강제수용소 생존자였던 프리모 레비는 『주기율표』라는 간명한 제목의 책으로 널리 호평받았는데, 이 책은 모든 장의 제목이 화학원소 이름이다. 내용은 주로 레비의 친척과 친구 이야기이지만, 그런 일화를 떠올린 계기가 된 것은 각 챕터에 해당하는 원소에 대한 레비의 애정이었다. 유명 신경학자이자 작가였던 올리버 색스도 『엉클 텅스텐』이라는 책을 써서 자신이 원소들과 화학에, 특히 주기율표에 얼마나 푹 빠졌었는지를 털어놓았다. 좀더 최근에는 샘 킨과 휴 앨더시 윌리엄스가 원소에 관한 책을 써서 인기를 끌었다. 이만하면 대중이 원소들의 매력에 흠뻑 빠진 시대가 왔다고 말해도 과히 무리는 아닐 것이다.

몇백 년에 걸쳐 원소들이 발견되는 동안, 그 명명법에도 다양한 접근법이 쓰였다. 61번 프로메튬은 하늘에서 불을 훔쳐다 인간에게 준 죄로 제우스에게 벌받았던 프로메테우스 신의 이름을 땄다. 이 이야기와 61번 원소가 무슨 관련인가 하면, 이 원소를 분리하는 작업이 그리스 신화에 묘사된 프로메테우스의 영웅적이고 위험천만한 기예에 맞먹는 영웅적 노력이었기 때문이다. 프로메튬은 지구에 자연 상태로는 존재하지 않는 소수의 원소 중 하나다. 과학자들은 다른 원소인 우라늄이 분열할 때 만들어진 붕괴 생성물로서 이 원소를 얻었다.

행성을 비롯한 천체들도 원소 작명에 자주 쓰였다. 헬륨은 그리스어로 태양을 뜻하는 '헬리오스'에서 온 이름이다. 1868년 태양의 스펙트럼에서 처음 관측되었기 때문이고, 지상의 표본에서 처음 확인된 것은 1895년이 되어서였다. 비슷한 예로 팔라듐은 소행성 팔라스의 이름을 땄고, 그 팔라스는 또 그리스 신화에서 지혜의 여신의 이름을 땄다(아테나 여신을 팔라스라고도 부른다—옮긴이). 세륨은 1801년 최초로 발견된 소행성이었던 세레스의 이름을 땄다. 우라늄은 행성 천왕성(우라누스)의 이름을 땄는데, 행성도 원소도 둘 다 1780년대에 발견되었다. 우라누스도 그리스 신화에 나오는 하늘의 신 이름이니, 이 경우에도 바탕에 신화가 깔려 있었다.

색에서 이름을 딴 원소도 많다. 기체일 때 황록색을 띠는 염소(클로린)의 이름은 그리스어로 황록색을 뜻하는 '클로로스'에서 왔다. 세슘은 라틴어로 회청색을 뜻하는 '카이시움'에서 왔는데, 세슘의 스펙트럼에서 회청색 선이 두드러지기 때문이다. 로듐의 염이 종종 분홍색을 띤다는 사실은 그리스어로 장미를 뜻하는 '로돈'에서 온 이름이 붙은 이유를 설명해준다. 탈륨 금속의 이름은 라틴어로 초록 나뭇가지를 뜻하는 '탈루스'에서 왔다. 영국 화학자 윌리엄 크룩스가 그 스펙트럼에 두드러지게 나타난 초록 선을 보고 발견한 원소였기 때문이다.

발견자가 살았거나 기념하고 싶어한 장소에서 이름을 딴 원소도 많다. 아메리슘, 버클륨, 캘리포늄, 다름슈타튬, 유로퓸, 프랑슘, 저마늄, 하슘, 폴로늄, 갈륨, 하프늄(코펜하겐의 라틴어 이름 '하프니아'에서 왔다), 레늄(라인강 지역의 이름을 땄다), 루테늄(현재의 러시아 서부, 우크라이나, 벨라루스, 그리고 슬로바키아와 폴란드 일부를 망라하는 지역을 뜻했던 라틴어 이름 '루스'에서 왔다)이 그렇다. 어떤 원소명은 그 원소가 발견된 광물과 관련된 지명에서 유래했다. 스톡홀름에서 가까운 스웨덴 마을 위테르뷔의 이름을 딴 네 원소가 이 범주에 포함되는데, 어븀, 터븀, 이터븀, 이트륨이 모두 그 마을 근처에서 채굴된 광석에서 발견되었고 다섯번째 원소 홀뮴은 스톡홀름의 라틴어 이름을 땄다.

좀더 최근에 합성된 원소들은 발견자의 이름이나 발견자가 기념하고 싶어한 사람의 이름을 딴 것이 많다. 보륨, 퀴륨, 아인슈타이늄, 페르뮴, 로렌슘, 마이트너륨, 멘델레븀, 노벨륨, 뢴트게늄, 러더포듐, 시보귬이 다 그렇다.

후대에 발견된 초우라늄 원소들의 작명에는 국가주의적 논쟁이 얽혀 있곤 했다. 가끔은 누가 먼저 원소를 합성했는가, 따라서 누구에게 이름을 고를 영예가 주어져야 하는가를 두고 매서운 분쟁이 벌어졌다. 그런 분쟁을 해소할 요량으로 국제순수응용화학연합(IUPAC)은 모든 원소를 그 원자번호의 라틴어 숫자로 명명하는 공평무사하고 체계적인 방법을 따르기로 정했다. 그래서 가령 105번 원소는 운(un, 1)-닐(nil, 0)-펜튬(5)으로, 106번 원소는 운(1)-닐(0)-헥슘(6)으로 불리게 되었지만, 더 나중에 IUPAC는 이런 초중량 원소들 중 몇몇을 놓고 숙고한 끝에 각 원소마다 최초 발견자 혹은 합성자로 우선권을 확인받은 사람에게 명명권을 주는 옛 방식으로 되돌아갔다. 그래서 이제 105번과 106번 원소는 더브늄과 시보귬이라고 불린다.

주기율표에서 원소를 표시하는 데 쓰이는 기호에도 풍성하고 흥미로운 이야기들이 담겨 있다. 연금술 시대에는 원소 기호가 그 원소명의 유래가 된 행성, 혹은 그 원소와 연관되었다고 여겨진 행성의 기호와 같을 때가 많았다(그림 3). 가령 수은 원소의 기호는 태양계에서 제일 안쪽 행성인 수성의 기호와 같았고, 구리는 금성과 연관되었다고 여겨졌기 때문에 구리 원소와 행성 금성이 같은 기호를 썼다.

1805년 존 돌턴은 원자론을 발표하면서 연금술의 원소 기

금속	금	은	철	수은	주석	구리	납
기호	☉	☾	♂	☿	♃	♀	♄
천체	태양	달	화성	수성	목성	금성	토성
라틴어 요일	솔리스	루나이	마르티스	메르쿠리이	요비스	베네리스	사투르니
프랑스어 요일	디망슈	렁디	마르디	메르크르디	죄디	방드르디	삼디
영어 요일	선데이	먼데이	튜즈데이	웬즈데이	서스데이	프라이데이	새터데이

3. 고대 원소들의 이름과 기호.

호 중 여러 개를 그대로 가져다 썼다. 그러나 그런 기호는 좀 거추장스러웠고 논문이나 책에서 쓰기에도 썩 편하지 않았다. 그래서 스웨덴 화학자 옌스 야코브 베르셀리우스가 알파벳 기호를 쓰는 현대의 방식을 1813년 처음 도입했다.

현대 주기율표에서 알파벳 하나로 표시된 원소는 손에 꼽을 만큼 적다. 각각 H, C, O, N, S, F로 표시되는 수소, 탄소, 산소, 질소, 황, 플루오린 등이 그렇다. 대부분의 원소는 알파벳 두 개로 표시되는데 이때 첫 글자는 대문자, 두번째 글자는 소문자다. 가령 Kr, Mg, Ne, Ba, Sc는 각각 크립톤, 마그네슘, 네온, 바륨, 스칸듐을 뜻한다. 알파벳 두 개로 구성된 기호 중 그 정체를 직관적으로 알기 어려운 것도 있다. 가령 Cu, Na, Fe, Pb, Hg, Ag, Au는 각각 구리, 나트륨, 철, 납, 수은, 은, 금을 뜻하는 라틴어 단어에서 온 기호들이다. 텅스텐이 W로 표시되는 것은 이 원소의 독일어 이름이 볼프람(Wolfram)이기 때문이다.

제 2 장

간략하게 살펴본 현대 주기율표

현대 주기율표

우리는 주기율표에서 원소들이 행렬로 나열된 방식에서 원소 간에 존재하는 많은 관계를 읽어낼 수 있다. 개중에는 이미 잘 알려진 관계도 많지만, 어쩌면 아직 발견되지 않은 관계도 있을지 모른다. 1980년대에 과학자들은 초전도성, 즉 저항이 0인 상태에서 전류가 흐르는 현상을 뜻하는 성질이 이전에 관찰되었던 것보다 훨씬 더 높은 온도에서 벌어진다는 사실을 발견했다. 이전에는 초전도 현상이 가능한 온도가 보통 절대온도 20도(섭씨 -253도) 미만이었으나, 그 값이 이후 절대온도 약 100도(섭씨 -173도)까지 훌쩍 높아졌다. 고온 초전도체의 발견은 란타넘, 구리, 산소, 바륨으로 이루어진 복잡한 화합물이 이런 성질을 드러낸다는 사실이 알려짐으로써 시작되었고, 그 사실을 안 전 세계 과학자들은 초전도성이 유지될 수 있는 온도를 더 높이려고 앞다투어 연구에 나섰다. 그들의 궁극의 목표는 실온에서 초전도성을 달성하는 것이었는데, 그러면 가령 초전도 철로를 만들어 자기 부양 열차를 힘 하나 들이지 않고 미끄러지게 하는 등 여러 기술적 돌파구를 이룰 수 있을 것이었다. 그런데 과학자들이 이 탐구에서 활용했던 중요한 원리 중 하나가 바로 주기율표였다. 주기율표 덕분에 연구자들은 어떤 화합물 속 특정 원소를 그와 비슷하게 행동한다고 알려진 다른 원소로 교체해볼 수 있었고 그 새로운 화합물의 초전도성을 확인해볼 수 있었다. 연구자들이 이트륨(Y)을 포함한 새로운 초전도성 화합물들을 만들어 그중 $YBa_2Cu_3O_7$이 절대온도 93도(섭씨 -180도)에서 초전도성을 유지한다는 사실을 발견한 것도 이 방법을 통해서였다. 주기율표 속에는 이런 지식뿐 아니라 틀림없이 이보다 더 많은 지식이 우리에게 발견되고 활용되기를 기다리며 여태 숨어 있다.

최근에는 또다른 고온 초전도체 화합물 계열이 발견되었다. 산화닉토겐이라는 이 화합물들은 산소, 닉토겐(15족 원소들을 뜻한다), 그리고 다른 원소 한두 가지가 더 결합된 물질을 말한다. 이 화합물들에 대한 관심이 폭발적으로 커진 것은 2006년과 2008년에 LaOFeP와 LaOFeAs의 초전도성이 발표된 뒤였는데, 이때도 연구자들은 비소(As)가 주기율표에서 인(P) 바로 밑에 온다는 점에 착안하여 인 대신 비소를 쓴 두번째 화합물을 만들어낼 수 있었다.

같은 족 원소들 간의 화학적 유사성은 의학 분야에서도 관심 대상이다. 예를 들면, 베릴륨은 주기율표에서 2족 맨 위에 있고 그 바로 밑에 마그네슘이 있다. 두 원소가 유사하기 때문에 베릴륨은 인체의 필수 원소인 마그네슘을 대체할 수 있고, 베릴륨이 인간에게 유해하게 작용하는 여러 방식 중 하나가 바로 이런 행동을 통해서다. 마찬가지로 카드뮴은 주기율표에서 아연 바로 밑에 있기 때문에 인체에 꼭 필요한 여러 효소에서 아연을 대신할 수 있다. 한편 주기율표에서 가로로 가까이 놓인 원소들 간에도 유사성이 존재할 수 있다. 예를 들면, 백금은 금 바로 옆에 있다. 그런데 시스플라틴이라는 백금 무기 화합물이 다양한 종류의 암 치료에 효과적이라는 사실은 오래전부터 알려져 있었고, 그래서 연구자들은 그 화합물에서 백금 대신 금 원자를 쓴 약을 개발해보았다. 개중 일부는 정말로 성공적인 신약이 되었다.

주기율표상 원소들의 위치가 의학에서 중요하게 쓰인 예를 마지막으로 하나 더 들면, 1족에서 칼륨 바로 밑에는 루비듐이 있다. 앞의 예들처럼 루비듐 원자는 칼륨 원자를 흉내내고, 그래서 역시 칼륨처럼 인체에 쉽게 흡수된다. 연구자들은 루비듐의 이 행동을 인체 모니터링 기술에 활용한다. 루비듐이 암 종양에, 특히 뇌에서 발생하는 암 종양에 끌리는 성질이 있기 때문이다.

전형적인 주기율표는 행과 열로 구성된다. 그런 주기율표에서 하나의 행을 따라 가로로 이동하거나 하나의 열을 따라 세로로 이동하면, 원소들이 어떤 경향성을 드러내는 것이 관찰된다. 이때 가로행을 주기라고 부른다. 어느 한 주기를 따라 왼쪽에서 오른쪽으로 이동하면, 맨 왼쪽에는 칼륨이나 칼슘 같은 금속이 있다. 그다음에는 철, 코발트, 니켈 같은 전이금속이 나오고, 그다음에는 저마늄 같은 반금속 원소가 나오고, 마지막으로 맨 오른쪽 끝에 비소, 셀레늄, 브로민 같은 비금속이 나온다. 이렇게 주기를 따라 이동하면 원소들의 화학적·물리적 성질이 일반적으로 조금씩 매끄럽게 달라진다. 그러나 이 일반 법칙에는 예외가 많으며, 그 덕분에 화학은 더욱 흥미롭고도 예측 불가능하게 복잡한 학문이 된다.

금속도 나트륨이나 칼륨처럼 무르고 광택이 없는 고체부터 크로뮴, 백금, 철처럼 단단하고 반짝거리는 물질까지 다양하다. 반면 비금속은 고체나 기체인 경향이 있는데, 탄소와 산소가 각각 그런 예다. 겉모습만 보고는 고체 금속과 고체 비금속을 구별하기 어려울 때도 있다. 보통 사람의 눈에는 단단하고 반짝거리는 비금속이 나트륨처럼 무른 금속보다 더 금속다워 보일지 모른다. 금속에서 비금속으로 나아가는 경향성은 매

주기마다 반복되고, 그 가로 행들을 착착 쌓으면 비슷한 원소들끼리 세로로 놓인 열, 즉 족이 만들어진다. 같은 족에 속하는 원소들은 중요한 물리적·화학적 성질을 공유하는 편이다. 물론 여기에도 예외가 많다.

최근 국제순수응용화학연합(IUPAC)은 족을 지칭할 때 옛 주기율표처럼 알파벳 A, B 등을 써서 부르지 말고 왼쪽에서 오른쪽으로 차례로 아라비아 숫자를 붙여서 1~18족이라고 부르도록 권고했다(그림 4).

주기율표의 여러 형태

그동안 말 그대로 1000가지가 넘는 다양한 형태의 주기율표가 인쇄물로, 최근에는 인터넷으로도 발표되었다. 그 다양한 형태들은 서로 어떤 관계일까? 그중 단 하나의 최적의 주기율표라는 것이 있을까? 이 책은 뒤에서 이런 질문을 살펴볼 텐데, 이런 질문이 현대 과학에 관하여 여러 흥미로운 사실을 알려주는 질문이기 때문이다.

다만 주기율표의 형태에 관한 문제에서 한 가지 측면만큼은 지금 이야기할까 한다. 현재까지 발표된 모든 주기율표를 분류하는 한 방법은 가장 기본적인 세 가지 형태로 나누는 것이다. 첫째로 초기에 주기율표를 개척했던 뉴랜즈, 로타어 마

1	2	3	4	5	6	7	8	9	10	11	12	13	14	15	16	17	18
H																	He
Li	Be											B	C	N	O	F	Ne
Na	Mg											Al	Si	P	S	Cl	Ar
K	Ca	Sc	Ti	V	Cr	Mn	Fe	Co	Ni	Cu	Zn	Ga	Ge	As	Se	Br	Kr
Rb	Sr	Y	Zr	Nb	Mo	Tc	Ru	Rh	Pd	Ag	Cd	In	Sn	Sb	Te	I	Xe
Cs	Ba	Lu	Hf	Ta	W	Re	Os	Ir	Pt	Au	Hg	Tl	Pb	Bi	Po	At	Rn
Fr	Ra	Lr	Rf	Db	Sg	Bh	Hs	Mt	Ds	Rg	Cn						

La	Ce	Pr	Nd	Pm	Sm	Eu	Gd	Tb	Dy	Ho	Er	Tm	Yb
Ac	Th	Pa	U	Np	Pu	Am	Cm	Bk	Cf	Es	Fm	Md	No

4. 장주기형 주기율표.

이어, 멘델레예프 같은 이들이 발표했던 단주기형 주기율표가 있다. 이들의 주기율표는 뒤에서 더 자세히 다루겠다(그림 5).

이들의 표는 당시 알려진 모든 원소를 여덟 개의 세로 행, 즉 여덟 개의 족에 사실상 욱여넣었다. 이 체계는 원소들을 자연스러운 순서로 나열할 경우(이 자연스러운 순서라는 것 자체가 뒤에서 더 이야기할 주제다) 원소 여덟 개 간격으로 비슷한 성질이 되풀이되는 것처럼 보인다는 사실을 표현한 것이었다. 그러나 이후 원소들의 성질에 관한 정보가 더 많이 수집되고 더 많은 원소가 발견되자, 장주기형이라는 새로운 형태가 우세해지기 시작했다(그림 4). 오늘날 거의 보편적으로 쓰이는 형태가 바로 이 형태다. 장주기형 주기율표의 한 가지 이상한 특징은 표의 본문에 모든 원소가 다 담겨 있지 않다는 점이다. 그림 4를 보면, 56번과 71번 원소 사이가 끊어져 있고 88번과 103번 원소 사이도 끊어져 있다. 그 지점에서 '사라진' 원소들은 별도의 집단을 이루어 마치 본문 발치에 놓인 각주처럼 따로 모여 있다.

전통적으로 희토류라고 불리는 원소들을 이렇게 따로 떼어 두는 것은 순전히 편의에 따른 조치다. 그렇게 하지 않으면 주기율표의 폭이 더 넓어져서 원소 18개가 아니라 원소 32개로 구성될 터이기 때문인데, 원소 32개 폭의 주기율표는 화학 교과서 속표지에 싣거나 강의실과 실험실 벽에 붙이는 대형 포스터로 인쇄하기에는 좀 번거롭다. 그래도 아무튼 이 원소들을 본문에 삽입하면 세번째 형태인 확장형 주기율표가 만들어진다(그림 6). 이 형태는 원소들의 서열이 끊어지지 않는다는 점에서 우리가 좀더 익숙한 장주기형보다 어쩌면 더 정확하다고 말할 수 있을지도 모른다.

그건 그렇고, 이 주기율표의 칸들을 메운 구성 요소는 무엇일까? 이제 주기율표 일반으로 돌아가서, 가장 보편적인 장주기형을 두고 2차원의 격자형 뼈대 혹은 틀에 본격적으로 살을 붙여보자. 원소들은 어떻게 발견되었을까? 원소들은 어떤 특징이 있을까? 주기율표에서 세로나 가로로 이동할 때 원소들은 어떻게 달라질까?

주기율표의 전형적인 족들

주기율표 맨 왼쪽 1족에는 나트륨, 칼륨, 루비듐 같은 금속 원소가 담겨 있다. 이 원소들은 몹시 무르고 반응성이 크기 때문에 우리가 보통 금속이라고 하면 떠올리는 철, 크로뮴, 금, 은 등과는 달라 보인다. 1족 금속 원소들은 반응성이 워낙 커서, 작은 조각 하나를 순수한 물에 집어넣기만 해도 반응이 격렬하게 일어나면서 수소 기체가 생성되고 무색의 알칼리 용액이 만들어진다. 2족의 마그네슘, 칼슘, 바륨 등은 대개의 측

MENDELÉEFF'S TABLE I.—1871.

Series.	GROUP I. R_2O.	GROUP II. RO.	GROUP III. R_2O_3.	GROUP IV. RH_4. RO_2.	GROUP V. RH_3. R_2O_5.	GROUP VI. RH_2. RO_3.	GROUP VII. RH. R_2O_7.	GROUP VIII. RO_4.
1	H=1							
2	Li=7	Be=9.4	B=11	C=12	N=14	O=16	F=19	
3	Na=23	Mg=24	Al=27.3	Si=28	P=31	S=32	Cl=35.5	
4	K=39	Ca=40	—=44	Ti=48	V=51	Cr=52	Mn=55	Fe=56, Ce=59 Ni=59, Cu=63
5	(Cu=63)	Zn=65	—=68	—=72	As=75	Se=78	Br=80	
6	Rb=85	Sr=87	? Y=88	Zr=90	Nb=94	Mo=96	—=100	Ru=194, Rh=104 Pd=106, Ag=108
7	(Ag=108)	Cd=112	In=113	Sn=118	Sb=122	Te=125	I=127	
8	Cs=133	Ba=137	? Di=138	? Ce=140	....	....	....	....
9	....	....	....	....	....	....	....	....
10	....	....	? Er=178	? La=180	Ta=182	W=184	....	Os=195, In=197 Pt=198, Au=199
11	(Au=199)	Hg=200	Tl=204	Pb=207	Bi=208	....	....	
12	....	....	....	Th=231	....	U=240	....	....

5. 멘델레예프가 1871년 발표한 단주기형 주기율표.

면에서 1족 원소들보다는 반응성이 떨어지는 편이다.

여기서 오른쪽으로 이동하면, 보통 전이금속이라고 불리는 철, 구리, 아연 등이 주기율표 중앙에 직사각형 블록을 이루고 있다. 단주기형이라고 불리는 초기 주기율표에서는 이 원소들이 오늘날 전형원소라고도 불리는 주족원소 속에 섞여서 배치되었다(그림 5).

현대 주기율표는 전이원소들이 주족으로부터 분리되어 있기 때문에 몇몇 귀중한 화학적 성질이 뚜렷하게 드러나지 않는다는 단점이 있다. 그래도 현대적인 주기율표 형태가 지닌 장점이 그 단점을 상쇄한다. 장주기형 주기율표에서, 전이금속 오른편에는 다시 전형원소가 나온다. 13족에서 시작한 전형원소들은 18족, 즉 주기율표의 오른쪽 맨 끝 열인 비활성기체에서 끝난다.

한 족의 원소들이 공유하는 성질이 겉으로 명백하게 드러나지 않는 경우도 있다. 14족의 탄소, 규소, 저마늄, 주석, 납이 그렇다. 이 족에서는 아래로 내려갈수록 오히려 다양성이 눈에 띈다. 맨 위 탄소는 고체 비금속으로서 서로 다른 세 가지 형태의 구조로 존재하고(다이아몬드, 흑연, 풀러렌), 모든 생명의 기반을 이룬다. 그 아래 규소(실리콘)는 반금속이다. 또한 흥미롭게도 규소는 인공 생명의 기반, 최소한 인공 지능의 기반이다. 모든 컴퓨터의 핵심에 규소가 쓰이기 때문이다. 그 아래 저마늄은 보다 최근에 발견된 반금속으로, 일찍이 멘델레예프가 그 존재를 예측했으며 나중에 실제로 그가 예측했던 성질을 많이 갖고 있는 것으로 확인된 원소다. 더 아래로 내려오면, 고대부터 알려졌던 두 금속 주석과 납이 나온다. 14족 원소들은 이처럼 금속-비금속 측면에서는 다양성이 크지만, 그럼에도 불구하고 가능한 최대 결합의 개수, 즉 원자가가 모두 4라는 점에서 화학적으로 가장 중요한 의미에서는 다 비슷하다.

17족 원소들의 겉보기 다양성은 더욱 현격하다. 맨 위 플루오린과 염소는 둘 다 유독성 기체다. 그 아래 브로민은 금속 수은과 더불어 상온에서 액체로 존재한다고 알려진 단 두 원소 중 하나다. 더 아래로 내려오면 검보랏빛 고체인 아이오딘이 있다. 만약 우리가 햇병아리 화학자에게 이 원소들을 겉모습에 따라 분류하라고 하면, 그는 플루오린과 염소와 브로민과 아이오딘을 한 집합으로 묶을 생각은 미처 하지 못할 것이다. 이런 사례는 관찰 가능한 원소와 추상적 의미의 원소를 구분하는 미묘한 시각이 유용할 수 있는 경우에 해당한다. 이 원소들의 유사성은 주로 우리가 구체적으로 분리하고 관찰할 수 있는 물질로서의 원소가 아니라 추상적인 의미에서의 원소가 지니는 속성에 달려 있기 때문이다.

주기율표에서 오른쪽 끝까지 가면, 비활성기체라는 놀라운 원소 집단이 등장한다. 이 족의 원소들은 모두 20세기에 들어서기 직전이나 그 무렵에야 발견되었다. 얄궂게도 이 원소들의 주요한 성질은, 적어도 처음 분리되었을 때는, 모두 화학적 성질이 없다는 점이었다. 초기 주기율표에는 이 헬륨, 네온, 아르곤, 크립톤이 아예 포함되지도 않았다. 그때는 아직 사람들이 이 원소들의 존재를 알지 못했고 예상조차 못했기 때문이다. 느지막이 발견된 이 원소들의 존재는 주기율표가 풀어야 할 어려운 과제였다. 그러나 결국 과학자들은 주기율표를 오른쪽으로 연장하여 오늘날 18족으로 불리는 새로운 족으로 이 원소들을 분류하는 방법을 씀으로써 이들을 포함시키는 과제를 성공적으로 해결했다.

현대 주기율표의 발치에 놓인 또다른 원소 집단은 희토류다. 보통 이 원소들은 주기율표 몸체의 원소들과는 아예 단절된 것처럼 그려진다. 그러나 이것은 오늘날 널리 사용되는 형태의 주기율표가 지닌 외견상의 특징에 불과하다. 전이금속이 보통 주기율표 몸체에 삽입되어 있듯이, 희토류도 삽입하자면 얼마든지 삽입할 수 있다. 실제 그런 확장형 주기율표도 많이 발표되었다(그림 6). 확장형 주기율표는 희토류에 좀더 자연스러운 위치, 즉 나머지 원소들 틈에 낀 위치를 부여한다. 그러나 그렇게 표현하면 좀 거치적거리는데다가 벽에 걸 괘도 따위에 인쇄하기에도 불편하다. 이처럼 주기율표에는 여러 다양한 형태가 있다. 그러나 어느 방식으로 표현하든 그 모든 체

H																														He
Li	Be																								B	C	N	O	F	Ne
Na	Mg																								Al	Si	P	S	Cl	Ar
K	Ca														Sc	Ti	V	Cr	Mn	Fe	Co	Ni	Cu	Zn	Ga	Ge	As	Se	Br	Kr
Rb	Sr														Y	Zr	Nb	Mo	Tc	Ru	Rh	Pd	Ag	Cd	In	Sn	Sb	Te	I	Xe
Cs	Ba	La	Ce	Pr	Nd	Sm	Eu	Gd	Tb	Dy	Ho	Er	Tm	Yb	Lu	Hf	Ta	W	Re	Os	Ir	Pt	Au	Hg	Tl	Pb	Bi	Po	At	Rn
Fr	Ra	Ac	Th	Pa	U	Pu	Am	Cm	Bk	Cf	Es	Fm	Md	No	Lr	Rf	Db	Sg	Bh	Hs	Mt	Ds	Rg	Cn						

6. 확장형 주기율표.

계의 바탕에는 모두 똑같은 법칙이 깔려 있으니, 바로 주기율이다.

주기율

주기율이란 규칙적이지만 가끔 크기가 달라지는 일정 간격에 따라 화학원소들의 성질이 거의 비슷하게 반복된다는 법칙이다. 예를 들어, 17족에 속하는 플루오린과 염소와 브로민은 모두 나트륨 금속과 반응하여 화학식 NaX의(X는 할로겐족 원자를 뜻한다) 흰 결정 염을 형성한다는 성질을 공유한다. 이렇듯 원소들의 성질이 주기적으로 반복된다는 사실은 모든 형태의 주기율표에 깔린 핵심 개념이다.

그런데 이 주기율을 논하다보면 몇 가지 흥미로운 철학적 문제가 제기된다. 무엇보다 원소들의 주기가 일정하지도 정확하지도 않다는 문제가 있다. 흔히 쓰이는 장주기형 주기율표를 보면, 첫 줄에는 원소가 두 개뿐이고 둘째 줄과 셋째 줄에는 여덟 개씩, 넷째 줄과 다섯째 줄에는 열여덟 개씩 있다. 그렇다면 주기의 길이가 2, 8, 8, 18⋯ 이런 식으로 가끔 달라진다는 뜻인데, 이것은 가령 1주일에 든 날의 개수나 음계에 든 음의 개수가 드러내는 완벽한 주기성과는 다르다. 1주일이나 음계에서는 주기의 길이가 늘 일정하다. 1주일에는 늘 일곱 개의 날이 있고 서양 음계에는 늘 일곱 개의 음이 있다.

더구나 원소의 경우에는 주기 길이가 달라질 뿐 아니라 주기성이 정확하지도 않다. 주기율표에서 같은 열에 속하는 원소들은 서로 똑같은 복사판이 아니다. 이 점에서 원소들의 주기성은 음계와 좀 비슷한 면이 있다. 음계에서도 한 주기가 끝나면 같은 알파벳 기호로 표시되는 음이 돌아오지만 그 음의 소리는 원래 음과 결코 같지 않고 한 옥타브 더 높아서 다르게 들린다.

주기 길이가 달라지고 반복이 근사적으로만 이루어진다는 점 때문에, 일부 화학자들은 화학적 주기성에 '법칙(율)'이라는 말을 붙여서는 안 된다고 보았다. 그야 물론 화학적 주기성은 대개의 물리 법칙 같은 완벽한 법칙으로 보이지 않을 수도 있지만, 그럼에도 불구하고 우리는 화학적 주기성이 전형적인 화학 법칙의 한 예라고 주장할 수 있다. 비록 근사적이고 복잡하기는 해도 근본적으로 법칙에 가까운 행동을 드러낸다는 점에서.

이 대목에서 잠시 다른 용어 문제도 살펴보면 좋을 듯하다. 주기율표(periodic table)와 주기계(periodic system)는 어떻게 다를까? 둘 중에서는 '주기계'라는 용어가 더 일반적인 용어다. 주기계는 원소들 사이에 근본적인 관계가 있다고 보는 추상적 개념 자체를 뜻한다. 그 주기계를 어떻게 표현할까 하는 문제로 넘어가면, 그때는 이제 우리가 삼차원 배열이든 원형 배열이든 무수히 다양한 2차원 표 형식의 배열이든 마음대로 고를 수 있다. 물론, 엄밀히 따지자면 '표'라는 용어는 이 중에서도 2차원 표현에만 해당한다. 요컨대 주기율, 주기계, 주기율표라는 세 용어 가운데 '주기율표'가 단연코 제일 유명하기는 해도 실은 이것이 셋 중 가장 협소한 의미인 셈이다.

원소들을 반응시켜 정렬하기

우리가 원소에 대해 아는 지식은 대부분 원소가 다른 원소와 어떻게 반응하는가, 그리고 어떻게 결합하는가 하는 양상을 관찰하여 얻었다. 통상적인 주기율표에서 맨 왼쪽 금속들은 보통 맨 오른쪽에 놓인 비금속들과 서로 보완하는 반대 성질을 띤다. 이유를 현대적인 용어로 설명하자면, 금속은 전자를 잃음으로써 양이온이 되고 비금속은 전자를 얻음으로써 음이온이 되는 경향이 있기 때문이다. 그렇게 서로 반대 전하를 띤 이온들은 결합하여 염화나트륨이나 브로민화칼슘 같은 중성 염을 이룬다. 금속과 비금속의 상보적 성질은 이 밖에도 더 있다. 금속의 산화물이나 수산화물은 물에 녹아 염기를 형성하는 데 비해 비금속의 산화물이나 수산화물은 물에 녹아 산을 형성한다. 그 산과 염기가 반응하면, '중화' 반응을 거쳐

염과 물이 형성된다. 염기와 산도 그것들을 낳은 금속과 비금속처럼 서로 정반대이지만 보완하는 성질을 띤다.

산과 염기는 주기계의 탄생과도 관련이 있다. 최초에 원소들을 정렬하는 기준으로 쓰였던 화학 당량 개념에서 중요한 역할을 했기 때문이다. 어떤 금속의 당량이란 원래 그 금속이 일정량의 산 표준액과 반응할 때 드는 양을 뜻했으나, 나중에는 어떤 원소가 표준량의 산소와 반응할 때 드는 양을 뜻하는 용어로 더 일반화되었다. 역사적으로 원소들을 배열하는 기준은 처음에는 당량이었다가 그다음에는 원자량이었다가 결국에는 원자번호로 바뀌었다(이 이야기는 뒤에서 더 할 것이다).

처음에 화학자들은 함께 반응을 일으키는 산과 염기의 양을 정량적으로 비교하기 시작했고, 나중에 그 작업이 산과 금속의 반응으로 확대되었다. 덕분에 이제 화학자들은 다양한 금속들을 당량이라는 하나의 수치 척도에 따라 정렬할 수 있었는데, 이때 당량은 앞서 말했듯이 그저 고정량의 산과 결합하는 금속의 양을 뜻했다.

당량과는 다른 원자량을 1800년대 초에 처음 알아낸 사람은 존 돌턴이었다. 돌턴은 서로 결합하는 원소들의 질량을 측정한 결과로부터 원자량을 간접적으로 계산해냈다. 그러나 언뜻 단순해 보이는 이 방법에도 복잡한 문제가 있었다. 돌턴은 우선 해당 화합물의 화학식이 어떤지 가정을 세우고 계산할 수밖에 없었는데, 이 문제의 열쇠는 원소가 결합을 몇 개나 할 수 있나 하는 성질인 원자가였다. 원자가가 1인 일가 원자라면 수소 원자와 1:1의 비로 결합하고 산소처럼 원자가가 2인 이가 원자라면 2:1의 비로 결합하는 식이다.

앞서 설명한 당량은 가끔 순수하게 경험적인 개념인 것처럼 간주되었다. 원자의 존재를 믿느냐 여부와는 무관한 수치처럼 보였기 때문이다. 그와는 달리 원자의 존재를 사실로 가정하는 원자량 개념이 도입되자, 원자 개념을 불편하게 느낀 화학자들 중에는 더 오래된 당량으로 돌아가려고 한 사람들이 많았다. 그런 이들은 당량을 순수하게 경험적인 수치로 보았고 따라서 더 믿을 만하다고 여겼다. 하지만 그런 희망은 망상일 뿐이었다. 당량도 사실 화합물마다 특정 화학식이 있다는 가정을 바탕에 깐 개념이고 그 화학식 자체가 이론적 개념이기 때문이다.

화학자들은 이후 오랫동안 당량과 원자량 둘 다 썼고, 그래서 적잖은 혼선이 빚어졌다. 돌턴은 물이 수소 원자 하나와 산소 원자 하나가 결합한 것이라고 가정했다. 정말 그렇다면 산소의 원자량과 당량은 같겠지만, 사실 돌턴이 추측한 산소의 원자가는 틀린 값이었다. 많은 저자들이 '당량'과 '원자량'을 바꿔 쓸 수 있는 용어로 쓴 점도 혼란을 가중했다. 당량, 원자량, 원자가의 관계가 비로소 명쾌하게 정리된 것은 1860년 독일 카를스루에에서 열린 최초의 중요한 화학 학회에서였다. 이 학회에서 이런 개념들을 명료하게 정의하고 모든 연구자들에게 같은 원자량 수치를 쓰도록 권장한 덕분에, 곧 여러 나라에 흩어진 최대 여섯 명의 연구자가 저마다 독자적으로 주기율 체계를 발견할 수 있는 길이 열렸다. 이들이 제안한 주기율표는 형태가 다양했고 성공 수준도 다양했지만, 원소를 대체로 원자량 오름차순으로 정렬한 점은 다들 같았다.

세번째 기준이자 가장 현대적인 원소 정렬 기준은 앞에서 언급했듯이 원자번호다. 화학자들은 일단 원자번호라는 개념을 이해하자 그 즉시 원자량 대신 원자번호를 정렬 기준으로 쓰기 시작했다. 덕분에 이제 화학자들은 원소들이 서로 결합할 때 드는 양에 더이상 신경쓸 필요가 없었다. 원자번호는 각 원소의 원자 구조라는 미시적 차원의 단순한 설명만으로 충분히 해석되기 때문이다. 원소의 원자번호는 그 원소의 원자핵에 든 양성자의 수, 달리 말해 양전하의 단위로 결정된다. 그것은 곧 주기율표의 원소들은 각자 바로 앞 원소보다 양성자를 하나씩 더 갖고 있다는 뜻이다. 핵 속의 중성자 수도 주기율표에서 뒤로 갈수록 커지는 경향이 있기 때문에 원자번호와 원자량이 대충 비례하기는 하지만, 그래도 원소의 정체성을 규정하는 것은 원자량이 아니라 원자번호다. 달리 말해, 한 원소의 모든 원자들은 양성자 수는 늘 같지만 중성자 수는 다를 수 있다. 그런 경우를 동위체 현상이라고 부르고, 중성자 수가 다른 원자를 **동위원소**라고 부른다.

다양하게 표현될 수 있는 주기계

현대의 주기계는 원소들이 각자 자연스러운 족으로 분류되도록 원소들을 원자번호에 따라 정렬하는 일에 놀랍도록 성공했지만, 이 주기계를 표현하는 방법이 하나만 있는 것은 아니다. 따라서 주기율표에는 여러 형태가 있고, 그중에는 특수한 용도로 쓰려고 설계된 형태들도 있다. 화학자라면 원소들의 반응성을 강조하는 형태의 주기율표를 선호할 수 있겠고, 전기공학자라면 전도성의 유사성과 패턴에 집중한 주기율표를 선호할 수 있을 것이다.

주기계를 표현하는 방식이란 그 자체 흥미로운 주제이고 특히 대중의 상상력을 자극하는 주제다. 뉴랜즈, 로타어 마이어, 멘델레예프 등이 최초의 주기율표를 발표한 이래 수많은 사람들이 그보다 더 '궁극의' 주기율표를 개발하겠다고 나섰다. 멘델레예프의 유명한 1869년 주기율표가 발표된 이래 100년 동안 실제로 약 700가지 다종다양한 주기율표가 발표되었다고 한다. 그중에는 삼차원형, 나선형, 동심원형, 소용돌이형, 지그재그형, 계단형, 거울상형 등등 온갖 종류의 대안이다 있다. 요즘도 자신이 더 새롭고 향상된 주기계 표현 방식을 개발했다고 주장하는 논문이 심심찮게 발표되곤 한다.

그러나 그 모든 시도들에서 바탕에 깔린 핵심은 주기율이고, 이 법칙은 오직 한 형태로만 존재한다. 주기계를 표현하는 방식이 아무리 많더라도 주기율의 내용만큼은 결코 달라지지 않는다. 일부 화학자들은 주기율을 물리적으로 어떻게 표현하는가 하는 문제는 중요하지 않다고 말한다. 기본적인 조건만 충족시킨다면 어떤 형태든 다 마찬가지라는 것이다. 그러나 철학적 관점에서는 여전히 무엇이 가장 근본적인 표현 방식인가, 즉 어떤 형태의 주기율표가 궁극의 주기율표인가 하는 질문을 고려할 가치가 있다. 더구나 이 질문은 우리가 주기율을 실재론적 관점에서 받아들여야 하는가 아니면 관습의 문제로 받아들여야 하는가 하는 질문과 이어져 있다. 주기율의 표현 방식은 관습 문제일 뿐이라고 보는 통상적인 관점은 주기율표에서 원소들의 성질이 반복되는 지점에 관련된 물질의 어떤 속성이 실재할지도 모른다고 보는 실재론적 관점과 충돌하는 듯하다.

주기율표의 최근 변화들

1945년 미국 화학자 글렌 시보그는 89번 원소 악티늄을 희토류 집단의 시작으로 보아야 한다고 주장했다. 이전에는 희토류 집단의 시작이 92번 원소 우라늄이라고 여겨지고 있었다(그림 7). 시보그의 새 주기율표에 따르면, 유로퓸(63번)과 가돌리늄(64번)은 아직 발견되지 않았던 95번, 96번 원소와 각각 비슷할 것으로 예측되었다. 시보그는 이 유사성에 근거하여 실제 두 원소를 합성하고 확인하는 데 성공했으며, 두 원소에는 아메리슘과 퀴륨이라는 이름이 붙었다. 이후에도 많은 초우라늄 원소가 더 합성되었다.

표준 주기율표는 전이원소의 세번째 줄과 네번째 줄을 어느 원소로 시작할 것인가 하는 문제에서도 작은 변화를 겪었다. 옛 주기율표는 각각 란타넘(57번)과 악티늄(89번)에서 시작했지만, 이후 실험 및 분석 증거에 따라 그 대신 루테튬(71번)과 로렌슘(103번)에서 시작하는 형태로 바뀌었다(10장을 보라). 원소들의 거시적 성질에 따라 작성되었던 훨씬 더 예전의 주기율표들 중 일부가 이 변화를 일찍이 예견했다는 점도 흥미롭다.

이런 문제들은 2차적 분류라고 이름 붙일 수 있을 듯한 애매한 분류의 사례들이다. 이른바 2차적 분류는 1차적 분류, 즉 원소번호에 따른 순차적 정렬만큼 확고하지는 않다. 2차적 분류는 고전적인 화학 용어로 말하자면 한 족 내의 원소들이 드러내는 화학적 유사성에 해당할 테고, 그보다 더 현대적인 용

																H	He
Li	Be											B	C	N	O	F	Ne
Na	Mg											Al	Si	P	S	Cl	Ar
K	Ca	Sc	Ti	V	Cr	Mn	Fe	Co	Ni	Cu	Zn	Ga	Ge	As	Se	Br	Kr
Rb	Sr	Y	Zr	Nb	Mo	Tc	Ru	Rh	Pd	Ag	Cd	In	Sn	Sb	Te	I	Xe
Cs	Ba	RE	Hf	Ta	W	Re	Os	Ir	Pt	Au	Hg	Tl	Pb	Bi	Po	At	Rn
Fr	Ra	Ac	Th	Pa	U												

희토류	La	Ce	Pr	Nd	Pm	Sm	Eu	Gd	Tb	Dy	Ho	Er	Tm	Yb	Lu

																H	He
Li	Be											B	C	N	O	F	Ne
Na	Mg											Al	Si	P	S	Cl	Ar
K	Ca	Sc	Ti	V	Cr	Mn	Fe	Co	Ni	Cu	Zn	Ga	Ge	As	Se	Br	Kr
Rb	Sr	Y	Zr	Nb	Mo	Tc	Ru	Rh	Pd	Ag	Cd	In	Sn	Sb	Te	I	Xe
Cs	Ba	LA	Hf	Ta	W	Re	Os	Ir	Pt	Au	Hg	Tl	Pb	Bi	Po	At	Rn
Fr	Ra	AC															

란타넘족	La	Ce	Pr	Nd	Pm	Sm	Eu	Gd	Tb	Dy	Ho	Er	Tm	Yb	Lu
악티늄족	Ac	Th	Pa	U	Np	Pu									

7. 시보그가 수정하기 전의 주기율표와 수정한 뒤의 주기율표.

어로 말하자면 전자 배치로 설명되는 특징일 것이다. 그러나 고전적인 화학적 접근법을 취하든 좀더 물리학적인 접근법을 취하든, 2차적 분류는 1차적 분류만큼 확실한 것이 못 되기 때문에 결코 단정적으로 결정될 수 없다. 오늘날 2차적 분류가 결정되는 방식은 원소 분류에 화학적 성질을 사용하는 접근법과 물리적 성질을 사용하는 접근법 사이의 갈등이 현대에도 남아 있음을 보여주는 사례다. 주기율표에서 특정 원소를 정확히 어느 족에 둘 것인가 하는 문제는 원소의 전자 배치(물리적 성질)와 화학적 성질 중 어느 쪽에 더 무게를 두느냐에 따라 달라질 수 있다. 실제로 최근 헬륨을 주기율표에서 어디에 둘 것인가를 두고 논쟁이 많았는데, 이 문제는 결국 두 접근법 중 어느 쪽이 상대적으로 더 중요한가 하는 문제로 귀결된다(10장을 보라).

최근 과학자들이 원소를 인위적으로 합성할 줄 알게 됨에 따라 원소의 수는 100개가 훌쩍 넘도록 늘었다. 내가 이 글을 쓰는 시점에는 117번과 118번 원소를 합성했다는 증거가 보고되었다. 그런 원소들은 보통 몹시 불안정하고, 한 번에 겨우 원자 몇 개만 만들어진다. 그러나 그동안 여러 기발한 화학적 기법이 개발된 덕분에 과학자들은 그런 '초중량(superheavy) 원소'의 화학적 성질을 알아볼 수 있고, 그럼으로써 그렇게 큰 원자에서도 기존 원소들의 화학적 성질을 외삽(外挿)하여 끌어낸 추측이 들어맞는지 확인해볼 수 있다. 좀더 철학적인 측면에서 보면, 그런 원소의 생산은 우리로 하여금 주기율이 가령 뉴턴의 중력 법칙처럼 예외 없는 법칙인지, 아니면 일단 원자번호가 충분히 커질 경우 그 화학적 성질이 주기율에 따라 반복되리라는 예상을 벗어날 것인지 알아보게끔 해준다. 아직까지는 크게 놀라운 발견이 나타나지 않았다. 하지만 초중량 원소들이 주기율에서 예상되는 화학적 성질을 갖고 있을 것인가 여부의 문제는 전혀 확실하게 해결되지 않았다. 주기율표의 이 영역에서 발생하는 한 가지 복잡한 문제는 상대성 이론의 효과가 갈수록 중요해진다는 점이다(아래를 보라). 그 효과 때문에 일부 원자들이 뜻밖의 전자 배치를 취할 수 있으므로, 그 결과 화학적 성질도 예상 밖의 모습을 보일지 모른다.

주기계 이해하기

물리학의 발전은 오늘날 주기계를 이해하는 방식에 크나큰 영향을 미쳤다. 현대 물리학의 양대산맥 격인 이론은 아인슈타인의 상대성 이론과 양자역학이다.

첫번째 상대성 이론이 그동안 주기계의 이해에 미친 영향은 제한적이었지만, 원자와 분자에 관한 계산을 정교하게 수행하는 데 있어서 갈수록 더 중요해지고 있다. 무엇이 되었든 물체가 광속에 가깝게 움직일 때는 늘 상대성 효과를 고려해야 한다. 그런데 안쪽 껍질에 든 전자는, 특히 주기율표에서 좀더 무거운 원자의 전자일수록 상대성 이론이 적용되는 속도를 쉽게 달성한다. 이때 상대성 효과를 고려하여 보정하지 않고서는 계산을 정확하게 해낼 수 없고, 특히 무거운 원자에 대해서는 더 그렇다. 게다가 언뜻 복잡할 것 없어 보이는 원소의 몇몇 속성, 이를테면 금의 색깔이나 수은의 유동성 같은 속성도 안쪽 껍질에서 빠르게 움직이는 전자가 미치는 상대성 효과를 적용해야만 잘 설명된다.

그러나 주기계를 이론적으로 이해하려는 시도에서 이보다 훨씬 더 큰 영향을 미친 것은 두번째 이론인 양자역학이었다. 1900년 탄생한 양자 이론을 처음 원자에 적용한 사람은 닐스 보어로, 그는 주기율표에서 같은 족 원소들 사이의 유사성은 그 원소들이 바깥 껍질에 갖고 있는 전자의 개수가 같다는 사실로 설명될 것이라는 가설을 제안했다. 사실은 전자 껍질에 든 전자의 개수라는 개념 자체가 본질적으로 양자적 개념이다. 전자가 띨 수 있는 에너지가 양자 단위로, 달리 말해 특정한 꾸러미 단위로 제한되어 있으며 전자가 그 양자를 얼마나 많이 갖고 있는가에 따라 핵 주변의 여러 껍질들 중 어느 껍질에 들어가는가가 정해진다고 가정한 개념이기 때문이다(7장을 보라).

보어가 원자에 양자를 도입한 뒤 다른 많은 연구자들이 그의 이론을 더 발전시킴으로써 결국 옛 양자 이론에서 양자역학이 탄생했다(8장을 보라). 새로운 양자역학에서, 전자는 입자인 동시에 파동인 것으로 묘사된다. 그런데 이보다 더 기묘한 점은 전자가 정해진 궤도를 따라 핵을 돈다고 보았던 옛 개념이 폐기된 것이다. 대신 이제 전자는 부옇게 번진 전자 구름이 되어 이른바 오비탈을 채우고 있다고 묘사된다. 따라서 요즘은 주기계를 설명할 때도 원소들의 오비탈에 전자가 몇 개 들어 있는가 하는 문제로 이야기한다. 한편 원소에 전자가 몇 개 들어 있는가 하는 문제는 원자의 전자 '배치'에 달린 문제이고, 이 배치는 오비탈들이 어떤 순서로 채워지는가 하는 문제로 설명된다.

여기서 제기되는 흥미로운 질문이 하나 있다. 화학과 현대 핵물리학의 관계, 특히 양자역학과의 관계가 어떤가 하는 질문이다. 대부분의 교과서들은 화학이 '깊은 차원에서는' 그저 물리학에 지나지 않는다는 생각, 모든 화학 현상과 그중에서도 특히 주기계는 양자역학으로부터 유도될 수 있다는 생각을 강화한다. 그러나 이런 시각에는 몇 가지 문제가 있다. 뒤에서 그 문제도 살펴보겠지만 지금 하나만 예를 들면, 주기계에 대한 양자역학적 설명이 여전히 완벽하지 않다는 점이다. 이것은 중요한 문제다. 요즘의 화학 책들, 특히 교과서들은 주기계에 대한 설명이 사실상 완성된 상태나 다름없다는 인상을 풍길 때가 많지만 현실은 전혀 그렇지 않다. 이 이야기도 뒤에서 하겠다.

주기율표는 현대 과학을 통틀어 가장 효과적이고 통합적인 개념 중 하나로 당당히 자리매김한다. 아마 다윈이 제안한 자연선택에 의한 진화 이론과도 비견할 만한 수준일 것이다. 주기율표는 150년 가까이 수많은 연구자들의 작업을 통해 꾸준히 진화해왔으면서도 여태 화학이라는 학문의 핵심으로 남아 있다. 이것은 주로 우리가 주기율표를 통해 원소들의 온갖 화학적·물리적 성질 및 결합 가능성을 예측할 수 있다는 사실이 어마어마한 실용적 이점이기 때문이다. 현대의 화학자는, 혹은 화학을 공부하는 학생은 백 가지가 넘는 원소들의 성질을 일일이 익히지 않더라도 여덟 개의 주족, 전이 금속, 희토류 집단 각각을 대표하는 전형적인 원소의 성질을 알면 그로부터 효과적인 예측을 끌어낼 수 있다.

자, 지금까지 몇 가지 기본적인 주제들을 이야기하고 몇 가지 핵심적인 용어들을 정의했다. 그러니 이제 현대의 주기계가 18세기와 19세기에 처음 탄생하여 이후 어떻게 발달했는지를 본격적으로 살펴보자.

제 3 장

원자량, 세쌍원소, 프라우트

과학자들이 처음 원소들을 집단으로 묶어 분류했을 때 그 기준은 원소들 간의 화학적 유사성이었다. 즉 원소들의 정량적 특징이 아니라 정성적 특징이 기준이었다. 예를 들어, 금속인 리튬과 나트륨과 칼륨은 누가 봐도 비슷한 점이 많았다. 무르다는 점, 물에 뜬다는 점, 여느 금속과는 달리 물과 눈에 띄는 반응을 일으킨다는 점 등등.

그러나 현대 주기율표는 원소들의 정성적 성질뿐 아니라 정량적 성질에도 바탕을 둔다. 화학이 전반적으로 정량적인 분야가 되기 시작한 것, 달리 말해 어떻게 반응하는가보다 얼마나 반응하는가를 측정하기 시작한 것은 이르면 16세기 혹은 17세기부터였다. 이런 접근법을 취했던 사람들 중에는 프랑스 귀족으로 후에 프랑스 혁명 시절 단두대에서 처형된 앙투안 라부아지에가 있었다. 라부아지에는 화학 반응에서 반응물과 생성물의 무게를 정확하게 측정하는 실험법을 처음 실시한 선구자 중 한 사람이었다. 그럼으로써 라부아지에는 어떤 물질이든 물질이 연소되는 과정에서는 '플로지스톤'이라는 물질이 진화한다고 보았던 오래된 가정을 반박할 수 있었다.

라부아지에가 발견한 바에 따르면, 원소를 비롯하여 어떤 물질이든 연소되면 무게가 줄기는커녕 늘었다. 그는 또 어떤 화학적 조작을 거치든 조작 전에 존재했던 물질의 양과 조작 후에 존재하는 물질의 양이 늘 같다는 사실도 발견했다. 이렇게 물질 보존 법칙이 발견된 후, 화학결합에 관한 다른 법칙들도 속속 발견되었다. 그런 법칙들은 더 깊은 설명을 요구했고, 그 설명이 결국에는 주기율표의 발견으로 이어질 것이었다.

라부아지에는 또 고대 그리스의 추상적 원소 개념, 즉 어떤 성질을 지닌 존재로서의 원소 개념으로부터 등을 돌렸다. 대신 그는 화합물이 분해되는 과정에서 맨 마지막에 남는 물질로서의 원소에 집중했다. 추상적 원소 개념이 훗날 변형된 형태로 되살아나기는 하겠지만, 아무튼 이 단계에서는 고대 그리스 전통과의 단절이 꼭 필요한 일이었다. 중세까지도 연금술사들 사이에 여러 신비주의적이고 비과학적인 개념들이 널리 퍼져 있었기 때문에 더욱더 그랬다.

원소의 정량적 특징 이야기로 돌아와서, 1792년 독일에서 일하던 베냐민 리히터는 당량이라고 알려진 수치를 취합한 목록을 발표했다(그림 8). 이것은 다양한 금속들이 가령 질산 같은 산 용액의 고정량과 반응하는 무게를 취합한 목록이었다. 이로써 다양한 원소들의 성질을 간단한 정량적 방식으로 서로 비교할 수 있는 방법이 처음 등장한 셈이었다.

존 돌턴

1801년, 영국 맨체스터의 젊은 교사가 현대 원자론의 시작을 알리는 이론을 발표했다. 존 돌턴은 라부아지에와 리히터가 개시한 새로운 전통을 이어서 고대 그리스의 원자 개념, 즉 모든 물질은 더이상 쪼갤 수 없는 작은 입자로 구성된다는 개념을 받아들이고 나아가 그 개념을 정량화했다. 돌턴은 모든 원소가 저마다 독특한 원자로 만들어진다고 가정하는 것에 그치지 않았고, 그 원자들의 상대 질량을 측정하기 시작했다.

돌턴은 가령 라부아지에가 수소와 산소를 결합하여 물을 만드는 실험에서 얻었던 데이터 등을 활용했다. 라부아지에는 그 실험으로 물이 85퍼센트의 산소와 15퍼센트의 수소로 구성되어 있다는 사실을 보여주었다. 그래서 돌턴은 물은 수소 원자 하나와 산소 원자 하나가 결합하여 HO의 화학식을 이

염기		산	
알루미나	525	플루오르화수소산	427
마그네시아	615	탄산	577
암모니아	672	세바스산	706
석회	793	염산	712
소다	859	옥살산	755
스트론티아	1329	인산	979
포타슈	1605	황산	1000
바리타	2222	숙신산	1209
		질산	1405
		아세트산	1480
		시트르산	1583
		주석산	1694

8. 리히터의 당량표. 피셔가 1802년 수정한 형태다.

룬 것이라고 주장했고, 따라서 수소의 원자량을 1단위로 삼을 때 산소의 원자량은 85/15=5.66이라고 주장했다. 그러나 오늘날 확인된 산소의 원자량은 16이다. 이 차이는 돌턴이 미처 깨닫지 못한 두 가지 문제 때문이었다. 첫째로 그는 물의 화학식을 HO라고 잘못 가정했는데, 요즘은 모르는 사람이 아무도 없듯이 실제 물의 화학식은 H_2O다. 둘째로 라부아지에의 데이터가 썩 정확하지는 않았다.

돌턴의 원자량 개념은 일정 성분비의 법칙, 즉 두 원소가 결합한 화합물은 늘 각 성분 원소의 질량비가 일정하다는 법칙을 합리적으로 설명해주었다. 덕분에 이제 일정 성분비의 법칙은 고정된 원자량의 원자들이 둘 이상 결합하는 반응이 대규모로 벌어지는 경우에 적용되는 법칙으로 간주될 수 있었다. 거시적 규모의 여러 표본들에서도 두 원소의 질량비가 늘 일정하다는 사실은 특정한 두 원자가 결합하는 반응이 여러 번 반복된다는 사실, 그런데 그 원자들의 질량이 일정하기에 전체 생성물도 그 일정한 질량비를 따를 수밖에 없다는 사실을 반영했다.

돌턴을 비롯하여 또다른 화학자들은 비례 배분의 법칙이라는 또다른 결합 법칙도 발견했다. 이것은 원소 A가 원소 B와 결합하여 화합물을 한 종류 이상 만드는 경우에 두 화합물 속 B의 질량들 사이에 정수비가 존재한다는 법칙이다. 예를 들어, 탄소와 산소가 결합하면 일산화탄소도 만들어지고 이산화탄소도 만들어진다. 그런데 이때 이산화탄소 속 산소량은 일산화탄소 속 산소량의 정확히 두 배다. 이 법칙 역시 이제 돌턴의 원자론으로 잘 설명되었다. 일산화탄소 CO에서는 탄소 원자 하나가 산소 원자 하나와 결합하고, 이산화탄소 CO_2에서는 산소 원자 둘과 결합한다고 설명할 수 있기 때문이었다.

훔볼트와 게이뤼삭

또다른 화학결합 법칙을 살펴보자. 그러나 이 법칙은 처음에는 돌턴의 이론으로 설명되지 않았다. 1809년 알렉산더 폰 훔볼트와 조제프 루이 게이뤼삭은 수소와 산소 기체가 반응하여 수증기를 생성할 때 수소의 부피가 산소 부피의 거의 두 배라는 사실을 발견했다. 그리고 생성된 수증기의 부피는 결합한 수소의 부피와 거의 같았다.

수소 부피 2단위 + 산소 부피 1단위 → 수증기 부피 2단위

이런 행동은 다른 기체들이 결합할 때도 적용되는 것으로 확인되었기에, 훔볼트와 게이뤼삭은 다음과 같이 결론지었다.

화학 반응에 투입되는 기체들의 부피와 생성된 기체의 부피 사이에는 작은 정수비가 성립한다.

이 새로운 화학 법칙은 돌턴의 새로운 원자론에 심각한 도전을 제기했다. 돌턴은 어떤 원자도 더이상 쪼개지지 않는다고 가정했지만, 더이상 쪼개질 수 없는 기체 원자를 가정해서는 이 법칙을 해석할 수 없었다. 산소 원자가 나뉠 수 있다고 가정해야만 위 반응처럼 수소 원자 둘과 산소 원자 하나가 결합하는 일이 벌어질 수 있었다.

수수께끼에 대한 답은 이탈리아 물리학자 아메데오 아보가드로가 내놓았다. 그는 이원자분자인 수소 두 분자가 역시 이원자분자인 산소 한 분자와 결합하는 것이라는 사실을 깨우쳤는데, 이전에는 아무도 이 기체들이 같은 원소의 원자 두 개가 결합하여 이원자분자를 이룬 형태일 것이라는 생각을 미처 떠올리지 못했다. 각 분자가 두 개의 원자로 이루어져 있다면, 원자가 쪼개지는 게 아니라 분자가 쪼개지는 일이 가능했다. 이렇게 같은 원소의 원자 두 개가 결합한 이원자 기체 분자의 존재를 가정할 경우, 돌턴의 이론과 원자의 불가분성은 여전히 유효하게 지키면서도 훔볼트와 게이뤼삭의 법칙까지 설명할 수 있었다.

요컨대 수소와 산소가 반응할 때는 이원자분자인 수소 두 개가 쪼개져서 원자 네 개가 되고 역시 이원자분자인 수소 하나가 쪼개져서 원자 두 개가 되는 것이었다. 그로부터 수증기 분자 H_2O가 두 개 생긴다고 가정하면, 반응에 참여한 원자 여섯 개가 모두 설명되었다. 지금 돌아보면 간단하기 짝이 없는 발상이었지만, 당시에는 이원자분자라는 개념 자체가 급진적인 생각이었던데다가 물 분자의 화학식마저 알려지지 않은 상황이었으니 아래와 같이 단순한 방정식도 과학자들이 완벽하게 이해하는 데 50년 가까이 걸렸다는 사실이 그다지 놀랍지 않다.

$$2H_2 + O_2 \rightarrow 2H_2O$$

그러나 역사의 얄궂은 장난인지, 원자론을 처음 제안했던 돌턴은 이원자분자 개념을 받아들이지 않았다. 그는 같은 원소의 두 원자는 서로 반발할 테니 결코 이원자분자를 이룰 수 없다고 굳게 믿었다. 같은 원자 두 개가 화학결합을 한다는 생각은 새로운 개념이었고, 특히 돌턴처럼 원자의 행동에 대해 남들보다 정밀한 견해를 갖고 있던 사람에게는 그런 개념에 적응할 시간이 필요했다. 한편 아보가드로는 같은 원자 두 개가 서로 반발할지도 모른다는 생각에 별달리 구애받지 않았기 때문에 그에 아랑곳없다는 듯이 이원자분자를 가정했고,

오늘날 우리가 알듯이 실제로 아보가드로가 옳았다.

아보가드로의 이원자분자 개념을 독자적으로 떠올린 사람이 또 있었다. 오늘날 전류의 단위(암페어)에 이름이 붙어 있는 앙드레 앙페르였다. 그러나 이 결정적인 발견은 조용히 묻혀 있었고, 그로부터 약 50년 뒤에야 시칠리아에서 살던 또다른 이탈리아 과학자 스타니슬라오 칸니차로가 발굴해냈다.

프라우트의 가설

돌턴을 포함한 여러 연구자들이 원자량 목록을 발표하기 시작한 지 몇 년이 흘렀을 때, 스코틀랜드 물리학자 윌리엄 프라우트가 그 목록에서 상당히 흥미로운 점을 발견했다. 여러 원소들의 원자량이 모두 수소 원자량의 정수배에 해당하는 듯했던 것이다. 그 사실로부터 프라우트가 내린 결론은 어쩌면 당연했다. 그는 모든 원자들이 수소 원자로 구성되어 있을지도 모른다고 생각했다. 만일 정말로 그렇다면, 이것은 모든 물질이 근본적인 차원에서는 동일하다는 사실을 암시하는 듯했다. 모든 물질의 동일성이라는 이 생각은 일찍이 그리스 철학이 탄생할 때부터 등장했고 이후에도 여러 형태로 여러 차례 제기되어온 생각이었다.

그러나 사실은 발표된 모든 원자량이 수소 원자량의 정확한 정수배는 아니었다. 프라우트는 이 사실에 좌절하지 않았다. 오히려 그렇게 벗어난 원소들은 원자량이 올바르게 측정되지 않아서 그런 것이라고 주장했다. 프라우트의 가설이라고 불리는 이 주장은 결과적으로 생산적이었다. 다른 연구자들로 하여금 프라우트가 옳은지 그른지를 증명하기 위해서라도 원자량을 점점 더 정확하게 측정하도록 부추겼기 때문이고, 덕분에 점점 더 정확해진 원자량 값들은 이후 주기율표의 발견과 진화에 결정적으로 기여할 터였다.

하지만 프라우트의 가설에 대한 최초의 반응은 달랐다. 오히려 프라우트가 틀렸다는 것이 중론이었다. 원자량을 점점 더 정확하게 측정한 결과는 오히려 원자들이 일반적으로 수소 원자의 정수배가 아니라는 사실만 암시했기 때문이다. 그러나 프라우트의 가설은 시간이 한참 더 흐른 뒤에 이야기에 다시 등장할 운명이었다. 비록 상당히 변형된 형태로나마.

되베라이너의 세쌍원소

독일 화학자 요한 볼프강 되베라이너가 발견한 또다른 일반적 원리도 원자량을 더 정확하게 측정해야 할 계기가 됨으로써 주기율표로 가는 길을 닦았다. 1817년부터 되베라이너는 한 원소의 화학적 성질 및 원자량이 다른 두 원소의 평균에 얼추 해당하는 원소 집단을 여러 개 발견했다. 세 원소로 이루어진 이런 집단은 세쌍원소(triad)라고 불리게 되었다. 리튬, 나트륨, 칼륨이 좋은 예다. 셋 다 밀도가 낮고, 무르고, 회색을 띤 금속이다. 그런데 리튬은 물과의 반응성이 낮지만 칼륨은 반응성이 아주 높은데, 나트륨의 반응성은 그 두 원소의 중간쯤 된다.

게다가 나트륨의 원자량(23)은 리튬(7)과 칼륨(39)의 딱 중간이다. 이 발견이 의미심장한 것은, 원소들의 속성과 성질의 관계에 모종의 수치적 규칙성이 존재한다는 사실을 처음 드러낸 발견이었기 때문이다. 이것은 원소들의 화학적 관련성이라는 현상의 바탕에는 어떤 수학적 질서가 깔려 있다는 사실을 암시하는 발견이었다.

되베라이너가 발견한 또다른 중요한 세쌍원소는 할로겐족 원소들인 염소, 브로민, 아이오딘이었다. 그러나 그는 이런 세쌍원소 집단들을 어떤 식으로든 서로 이어볼 시도는 하지 않았다. 만약 그렇게 했더라면, 그는 멘델레예프를 비롯한 다른 이들보다 50년쯤 앞서서 주기율표를 발견했을 수도 있었다.

세쌍원소를 확인할 때, 되베라이너는 문제의 세 원소가 위와 같은 수학적 관계뿐 아니라 화학적 유사성도 갖고 있어야 한다고 정했다. 그러나 그를 뒤따라 세쌍원소를 찾아 나선 다른 사람들은 화학적 유사성 조건 면에서 되베라이너만큼 깐

깐하지 않았고, 그런 이들 중 몇몇은 자신이 세쌍원소를 훨씬 더 많이 발견했다고 믿었다. 일례로, 1857년 비스바덴에서 일하던 스무 살의 독일 화학자 에른스트 렌센은 당시 알려진 58개 원소를 총 20가지 세쌍원소 집단으로 거의 모두 묶어낸 목록을 발표했다. 렌센의 세쌍원소들 중 열 가지는 비금속과 산을 형성하는 금속으로 구성되어 있었고 나머지 열 가지는 그냥 금속으로 구성되어 있었다.

렌센은 20가지 세쌍원소를 나열한 아래 표를 이용하여 이 중에서 총 7가지 초세쌍원소도 확인했다고 주장했다(그림 9). 초세쌍원소란 세 가지 세쌍원소 중 가운데에 해당하는 세쌍원소의 평균 원자량이 나머지 두 세쌍원소 평균 원자량의 중간쯤 된다는 뜻이었으니, 요컨대 세쌍원소의 세쌍원소였다. 하지만 렌센의 체계는 다소 억지스러웠다. 예를 들어 그는 진정한 세쌍원소 대신 수소 하나가 하나의 세쌍원소를 이룬다고 가정했는데, 오로지 그러는 편이 간편하다는 이유에서였다. 게다가 그가 주장한 세쌍원소들 중에는 수치적으로는 설득력이 있는 것처럼 보이지만 화학적 의미는 전혀 없는 것이 많았다. 렌센을 비롯한 몇몇 화학자들은 겉으로 드러난 원소들의 수치적 규칙성에 현혹되어 화학을 내팽개친 셈이었다.

또다른 원소 분류 체계를 제안한 사람은 1843년 독일에서 일하던 레오폴트 그멜린이었다. 그는 새로운 세쌍원소를 몇

	계산된 원자량			측정된 원자량		
1	(K + Li) / 2	= Na	= 23.03	39.11	23.00	6.95
2	(Ba + Ca) / 2	= Sr	= 44.29	68.59	47.63	20
3	(Mg + Cd) / 2	= Zn	= 33.8	12	32.5	55.7
4	(Mn + Co) / 2	= Fe	= 28.5	27.5	28	29.5
5	(La + Di) / 2	= Ce	= 48.3	47.3	47	49.6
6	Yt Er Tb			32	?	?
7	Th norium Al			59.5	?	13.7
8	(Be + Ur) / 2	= Zr	= 33.5	7	33.6	60
9	(Cr + Cu) / 2	= Ni	= 29.3	26.8	29.6	31.7
10	(Ag + Hg) / 2	= Pb	= 104	108	103.6	100
11	(O + C) / 2	= N	= 7	8	7	6
12	(Si + Fl) / 2	= Bo	= 12.2	15	11	9.5
13	(Cl + J) / 2	= Br	= 40.6	17.7	40	63.5
14	(S + Te) / 2	= Se	= 40.1	16	39.7	64.2
15	(P + Sb) / 2	= As	= 38	16	37.5	60
16	(Ta + Ti) / 2	= Sn	= 58.7	92.3	59	25
17	(W + Mo) / 2	= V	= 69	92	68.5	46
18	(Pa + Rh) / 2	= Ru	= 52.5	53.2	52.1	51.2
19	(Os + Ir) / 2	= Pt	= 98.9	99.4	99	98.5
20	(Bi + Au) / 2	= Hg	= 101.2	104	100	98.4

9. 렌센의 20가지 세쌍원소.

개 더 발견했고, 모든 세쌍원소들을 다 이어서 좀 특이한 형태의 전체 분류 체계에 담아냈다(그림 10). 그의 체계는 55개 원소를 다 담아냈고 후대의 주기율표를 예견하듯이 대부분의 원소를 원자량 오름차순으로 정렬한 듯하지만 그멜린 자신이 그 기준을 명시적으로 밝히지는 않았다.

그러나 그멜린의 체계는 진정한 주기율표라고 볼 수 없다. 원소들의 성질이 반복되는 현상이 표현되어 있지 않기 때문이다. 주기율표라는 이름의 이유가 된 화학적 주기성이 드러나 있지 않은 것이다. 그멜린은 이후 500쪽 남짓의 화학 교과서를 쓸 때 자신의 체계를 전체적인 틀로서 사용했다. 이것은 아마 원소표가 화학책 전체의 토대로 활용된 최초의 사례였을 텐데, 요즘은 그런 구성이 거의 표준이다. 물론 그멜린의 표는 엄밀히 말해 **주기율표**가 아니었다는 사실을 잊지 말아야 한다.

페터 크레메르스

현대 주기율표는 화학적 성질이 비슷한 원소들의 묶음을 단순히 모아둔 것만은 아니다. 세쌍원소를 구현했다고 할 수 있는 이른바 '세로 관계' 외에도, 현대 주기율표는 그 원소 집단들을 엮어서 하나의 순서로 가지런히 배열해야 한다.

O N H

F Cl Br I Li Na K

S Se Te Mg Ca Sr Ba

P As Sb Be Ce La

C B Bi Zr Th Al

Ti Ta W Sn Cd Zn

Mo V Cr U Mn Ni Fe

Bi Pb Ag Hg Cu

Os Ir Rh Pt Pd Au

10. 그멜린의 원소표.

주기율표에는 비슷한 원소들을 담은 세로 차원은 물론이거니와 비슷하지 않은 원소들을 담은 가로 차원도 있다. 그 가로 관계를 처음 고민한 사람은 독일 쾰른의 페터 크레메르스였다. 그는 산소, 황, 타이타늄, 인, 셀레늄으로 이루어진 짧은 원소 서열에서 아래의 규칙성을 알아차렸다(그림 11).

크레메르스는 또 다음과 같은 새로운 세쌍원소들도 발견했다.

$$Mg = \frac{O+S}{2}, \qquad Ca = \frac{S+Ti}{2}, \qquad Fe = \frac{Ti+P}{2}$$

현대의 관점에서는 이 세쌍원소들이 화학적으로 별 의미가 없는 듯 보일지도 모른다. 그러나 그것은 현대의 장주기형 주기율표가 몇몇 원소들 간에 존재하는 2차적 친족성을 표현하지 못하기에 드는 생각이다. 예를 들어, 황과 타이타늄은 둘 다 원자가가 4다. 두 원소가 비록 장주기형 주기율표에서 서로 다른 족에 속하지만 그래도 화학적으로 유사하다고 보는 것이 그렇게까지 무리한 일은 아니다. 한편 타이타늄과 인은 둘 다 3가의 결합을 흔히 보이므로, 이 둘을 묶은 것도 현대 독자의 생각처럼 그렇게까지 잘못된 일은 아니다. 그러나 전반적으로 평가하자면, 크레메르스의 작업은 렌센과 마찬가지

	O	S	Ti	P	Se
원자량	8	16	24.12	32	39.62
차이	8	8	~8	~8	

11. 크레메르스의 산소 서열 원소들 간의 원자량 차이.

로 어떤 대가를 치르더라도 새로운 세쌍원소를 만들고자 하는 절박한 시도라 할 수 있었다. 훗날 멘델레예프는 동료들의 이런 작업을 '세쌍원소에 대한 집착'이라고 표현했고, 이런 집착이 성숙한 주기계 발견을 늦추었다고 믿었다.

크레메르스로 돌아와서, 사실 그가 남긴 가장 날카로운 통찰은 그가 '결합된 세쌍원소들'이라고 부른 두 방향 체계를 제안한 점이었다. 이 체계에서 모든 원소들은 서로 수직으로 교차하는 두 세쌍원소 집합 양쪽 모두의 구성원으로 기능한다.

Li 6.5	Na 23	K 39.2
Mg 12	Zn 32.6	Cd 56
Ca 20	Sr 43.8	Ba 68.5

따라서 크레메르스는 이전 어느 선배보다도 의미 있는 방식으로 화학적으로 비슷하지 않은 원소들을 비교했던 셈이다. 그러나 이런 작업은 로타어 마이어와 멘델레예프의 원소표에 가서야 비로소 성숙해질 터였다.

제 4 장

주기율표를 향하여

1860년대는 주기율표 발견에서 중요한 시기였다. 시작은 독일 카를스루에에서 열린 학회였다. 화학자들이 원자와 분자 개념을 이해하는 데 필요한 여러 기술적 주제들을 해결하기 위해서 마련한 자리였다.

2장에서 말했듯이, 게이뤼삭이 발견한 기체의 결합 부피 법칙은 가령 H_2, O_2 하는 식으로 둘 이상의 원자가 결합한 이원자분자가 존재하고 그것이 쪼개질 수 있다고 가정해야만 설명될 수 있었다. 그러나 이 제안은 돌턴을 비롯한 여러 사람들의 비판 때문에 아직 일반적으로 받아들여지지 않고 있었다. 카를스루에 학회는 이 발상이 마침내 널리 인정받는 자리였다. 50년 전 처음 이 발상을 제안했던 아보가드로와 마찬가지로 이탈리아인인 칸니차로가 적극 옹호한 덕분이었다.

또다른 문제는 사람마다 원소들의 원자량 값을 제각각 다르게 쓰고 있다는 점이었다. 칸니차로는 이 문제도 해결했다. 합리적인 값들을 취합하여 작은 팸플릿으로 인쇄한 뒤 학회를 떠나는 참가자들에게 나눠준 것이다. 이런 개혁들이 갖춰졌으니, 최대 여섯 명의 과학자가 저마다 독자적으로 그때까지 알려진 60개 남짓의 원소를 대부분 포함한 기초적인 주기율표를 그리게 되는 것은 시간문제였다.

알렉상드르 에밀 브귀에르 드 샹쿠르투아

화학적 주기성을 처음 발견한 사람은 프랑스 지질학자 알렉상드르 에밀 브귀에르 드 샹쿠르투아였다. 그가 한 일은 금속 원통 표면에 나선을 긋고 그 선 위에 원소들을 원자량 오름차순으로 배열한 것이었다. 그는 그렇게 했더니 화학적으로 유사한 원소들이 원통을 감아도는 나선과 교차하는 하나의 수직선 위에 놓인다는 사실을 발견했다(그림 12). 이것은 원소들을 자연스러운 순서로 배열할 경우 대충 일정한 간격을 두고 비슷한 원소들이 반복되는 듯하다는 결정적 사실을 발견한 셈이었다. 1주일 속의 날들, 1년 속의 달들, 음계 속의 음들이 그런 것처럼 주기성 혹은 반복성은 원소들에도 핵심적인 속성인 듯했다. 다만 화학적 반복성을 일으키는 원인이 무엇인가 하는 문제는 이후에도 오랫동안 수수께끼로 남아 있을 것이었다.

드 샹쿠르투아는 프라우트의 가설을 지지하여, 자신의 주기계에서 원자량 값들을 반올림하기까지 했다. 원자량 23의 나트륨은 그의 체계에서 원자량 7의 리튬으로부터 딱 한 바퀴 돈 지점에 나온다. 바로 옆 열에는 마그네슘, 칼슘, 철, 스트론튬, 우라늄, 바륨이 놓였다. 이 중 마그네슘, 칼슘, 스트론튬, 바륨 네 가지는 현대 주기율표에서도 같은 족이다. 반면 철과 우라늄을 포함시킨 것은 언뜻 그냥 실수처럼 보인다. 그러나 앞으로 살펴볼 테지만, 초기의 단주기형 주기율표들은 이처럼 몇몇 전이원소를 오늘날 주족원소라고 불리는 원소들 틈에 끼워서 배치한 경우가 많았다.

드 샹쿠르투아는 처음 발표한 중요한 논문에 도표가 포함되지 않았다는 점에서 운이 나빴다. 어떤 형태든 주기율표의 가장 결정적인 속성은 그 시각적 표현인 만큼, 이 누락은 상당히 치명적인 문제였다. 문제를 바로잡기 위해서 드 샹쿠르투아는 나중에 개인적으로 다시 논문을 발표했지만, 개인 출판이다 보니 널리 알려지지 않았고 당시 화학계의 관심을 거의 끌지 못했다. 드 샹쿠르투아가 화학자가 아니라 지질학자라는 점도 전 세계 화학자들이 그의 결정적 발견에 주목하지 않은 한 이

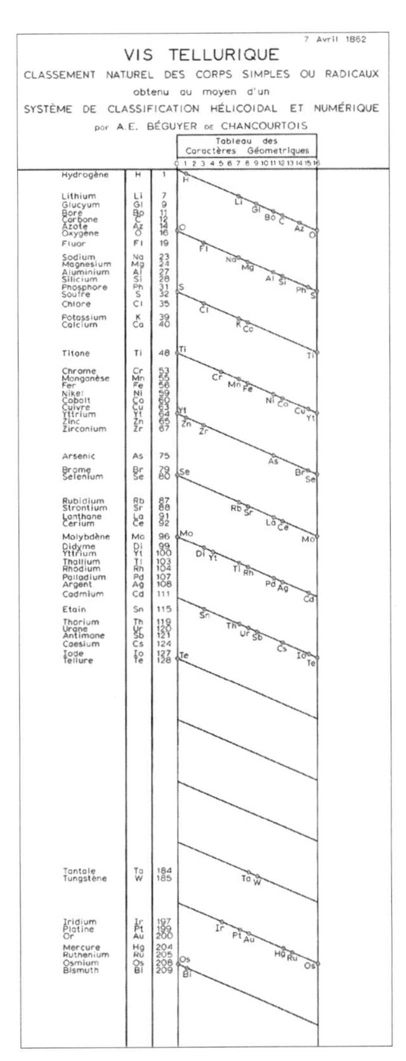

12. 드 샹쿠르투아가 '텔루륨 나선'이라고 불렀던 나선형 주기율표.

유였다. 시대를 앞선 발견이었다는 점도 또하나의 이유였다.

멘델레예프가 1869년부터 주기율표를 발표하기 시작하여 제법 유명해진 뒤에도, 드 샹쿠르투아의 출신국인 프랑스에서든 다른 나라에서든 대부분의 화학자들은 드 샹쿠르투아의 논문을 들어보지도 못한 상태였다. 드 샹쿠르투아의 혁신적인 논문이 발표된 지 30년이 흐른 1892년이 되어서야 세 명의 화학자가 나서서 그의 연구를 새롭게 조명하려고 애썼다.

영국의 필립 하토그는 멘델레예프가 드 샹쿠르투아는 자신의 체계를 자연적 체계로 간주하지는 않았다고 말했다는 이야기를 전해 듣고 짜증이 났고, 그래서 드 샹쿠르투아를 지지하는 논문을 발표했다. 프랑스에서는 폴 에밀 르코크 드 부아보드랑과 알베르 오귀스트 라파랑이 동포의 우선권을 주장하며 비슷한 의견을 냈고, 그래서 프랑스의 명예를 조금이나마 되찾았다.

존 뉴랜즈

존 뉴랜즈는 런던의 제당소에서 일하는 화학자였다. 어머니가 이탈리아 혈통이었는데, 그가 이탈리아를 통일하려던 가리발디에게 합류하여 잠시 의용군으로 싸운 것은 그 때문이었던 듯하다. 아무튼 젊은 뉴랜즈는 별다른 피해를 입지 않고 곧

Group I. Metals of the alkalies :—Lithium, 7 ; sodium, 23 ; potassium, 39 ; rubidium, 85 ; cæsium, 123 ; thallium, 204.

The relation among the equivalents of this group (see CHEMICAL NEWS, January 10, 1863) may, perhaps, be most simply stated as follows :—

1 of lithium + 1 of potassium = 2 of sodium.
1 „ + 2 „ = 1 of rubidium.
1 „ + 3 „ = 1 of cæsium.
1 „ + 4 „ = 163, the equivalent of a metal not yet discovered.
1 „ + 5 „ = 1 of thallium.

Group II. Metals of the alkaline earths :—Magnesium, 12 ; calcium, 20 ; strontium, 43·8 ; barium, 68·5.

In this group, strontium is the mean of calcium and barium.

Group III. Metals of the earths :—Beryllium, 6·9 ; aluminium, 13·7 ; zirconium, 33·6 ; cerium, 47 ; lanthanium, 47 ; didymium, 48 ; thorium, 59·6.

Aluminium equals two of beryllium, or one-third of the sum of beryllium and zirconium. (Aluminium also is one-half of manganese, which, with iron and chromium, forms sesquioxides, isomorphous, with alumina.)

1 of zirconium + 1 of aluminium = 1 of cerium.
1 „ + 2 „ = 1 of thorium.

Lanthanium and didymium are identical with cerium, or nearly so.

Group IV. Metals whose protoxides are isomorphous with magnesia :—Magnesium, 12 ; chromium, 26·7 ; manganese, 27·6 ; iron, 28 ; cobalt, 29·5 ; nickel, 29·5 ; copper, 31·7 ; zinc, 32·6 ; cadmium, 56.

Between magnesium and cadmium, the extremities of this group, zinc is the mean. Cobalt and nickel are identical. Between cobalt and zinc, copper is the mean. Iron is one-half of cadmium. Between iron and chromium, manganese is the mean.

Group V.—Fluorine, 19 ; chlorine, 35·5 ; bromine, 80 ; iodine, 127.

In this group bromine is the mean between chlorine and iodine.

Group VI.—Oxygen, 8 ; sulphur, 16 ; selenium, 39·5 ; tellurium, 64·2.

In this group selenium is the mean between sulphur and tellurium.

Group VII.—Nitrogen, 14 ; phosphorus, 31 ; arsenic, 75 ; osmium, 99·6 ; antimony, 120·3 ; bismuth, 213.

13. 뉴랜즈가 1863년 발표한 원소 분류 체계 중 첫 일곱 개 집단.

런던으로 돌아와서 다시 일했다. 드 샹쿠르투아의 논문이 발표된 지 1년 뒤인 1863년, 뉴랜즈는 원소 분류에 관한 첫 논문을 발표했다. 그는 칸니차로가 배포한 원자량 값을 몰랐기 때문에 그 값을 쓰지는 않았지만, 당시 알려진 원소들을 서로 비슷한 성질을 띤 것들끼리 묶어서 총 열한 개 집단으로 분류했다. 그뿐 아니라 그 집단들의 원자량이 8 혹은 8의 배수만큼 차이 난다는 사실을 알아차렸다(그림 13).

예를 들면, 뉴랜즈의 집단 1에는 리튬(원자량 7), 나트륨(23), 칼륨(39), 루비듐(85), 세슘(123), 탈륨(204)이 포함되었다. 현대의 관점으로 보면 탈륨 하나만 잘못 배치한 셈이다. 실제 탈륨은 붕소, 알루미늄, 갈륨, 인듐과 같은 족에 속하니까. 사실 탈륨은 역시 영국인인 윌리엄 크룩스에 의해 겨우 1년 전에 발견된 원소였다. 탈륨을 처음 붕소 집단으로 제대로 분류했던 사람은 독일에서 활동했던 주기율표의 공동 발견자 율리우스 로타어 마이어였다. 위대한 멘델레예프조차도 초기 주기율표에서는 탈륨을 잘못 배치하여, 뉴랜즈처럼 알칼리금속 원소들 사이에 두었다.

뉴랜즈는 원소 분류에 관한 첫 논문에서 알칼리금속 집단에 대해 이렇게 말했다.

이 집단에 속하는 원소들의 원자량은 다음과 같은 단순한 관계에 따른다고 표현할 수도 있다. 하나의 리튬(7) + 하나의 칼륨(39) = 두 개의 나트륨.

이것은 물론 세 원소가 이른바 세쌍원소 관계라는 사실을 재발견한 것이었다.

Li 7

Na 23 　　　2Na(23) = 7 + 39

K 39

1864년, 뉴랜즈는 새로 일련의 논문을 발표하여 더 나은 주기 체계와 그가 나중에 옥타브 법칙이라고 이름 붙인 법칙을 모색하기 시작했다. 옥타브 법칙이란 원소들이 여덟 개 주기로 반복된다는 발상이었다. 1865년 그는 총 65개 원소를 자신의 체계에 포함시켰고, 원소들을 원자량 오름차순으로 배열하되 원자량이 아니라 일련번호를 사용해서 번호를 매겼다. 드샹쿠르투아가 주기성 법칙을 잠시 고려하다 기각했던 것과는 달리, 뉴랜즈는 이제 새로운 법칙이 존재한다는 사실을 꽤 자신 있게 주장했다.

그러나 음악에 비유하여 '옥타브'라는 말을 썼다는 점 때문에, 그리고 뉴랜즈가 학계의 연구자가 아니었다는 점 때문에

No.	No.	No.	No.	No.	No.	No.	No.
H 1	F 8	Cl 15	Co & Ni 22	Br & Ni 29	Pd 36	I 42	Pt & Ir 50
Li 2	Na 9	K 16	Cu 23	Rb 30	Ag 37	Cs 44	Os 51
G 3	Mg 10	Ca 17	Zn 24	Sr 31	Cd 38	Ba & V 45	Hg 52
Bo 4	Al 11	Cr 19	Y 25	Ce & La 33	U 40	Ta 46	Tl 53
C 5	Si 12	Ti 18	In 26	Zr 32	Sn 39	W 47	Pb 54
N 6	P 13	Mn 20	As 27	Di & Mo 34	Sb 41	Nb 48	Bi 55
O 7	S 14	Fe 21	Se 28	Ro & Ru 35	Te 43	Au 49	Th 56

14. 뉴랜즈가 1866년 런던화학협회에서 발표한 옥타브 법칙 표.

그가 1866년 런던화학협회에서 자신의 이론을 구두로 발표했을 때 돌아온 반응은 조롱뿐이었다(그림 14). 근엄한 청중 중 한 명은 뉴랜즈에게 차라리 알파벳순으로 정렬했더라면 더 나았을 것이라고 말하기까지 했다. 결국 뉴랜즈의 논문은 협회 회보에 실리지 못했고, 그는 후속 논문들을 대신 다른 화학 학술지에 실었다. 몇몇 화학자들이 주기성 개념을 떠올리기 시작했지만, 그 발상이 받아들여지려면 아직 시간이 더 필요했다. 뉴랜즈는 그에 굴하지 않고 계속 비판에 답하면서 주장을 밀고 나갔고, 이후에도 수정된 주기율표를 더 많이 발표했다.

윌리엄 오들링

초기 주기율표를 발표한 또다른 화학자 윌리엄 오들링은 뉴랜즈 등과는 달리 학계의 이름난 연구자였다. 오들링은 카를스루에 학회에도 참석했고 이후 영국에서 칸니차로의 견해를 대변하는 지지자로 나섰다. 그는 또 옥스퍼드 대학에서 화학을 가르치고 런던 앨버말 거리에 있는 왕립연구소 소장을 지내는 등 굵직한 지위를 여럿 맡았다. 오들링은 뉴랜즈처럼 원소들을 원자량 오름차순으로 나열함으로써 비슷한 원소들끼리 수직으로 배열되도록 한 제 나름의 주기율표를 독자적

Cl	-	F	즉	35.5	-	19	=	16.5
K	-	Na		39	-	23	=	16
Na	-	Li		23	-	7	=	16
Mo	-	Se		96	-	80	=	16
S	-	O		32	-	16	=	16
Ca	-	Mg		40	-	24	=	16
Mg	-	G		24	-	9	=	15
P	-	N		31	-	14	=	17
Al	-	B		27.5	-	11	=	16.5
Si	-	C		28	-	12	=	16

15. 오들링의 세번째 원자량 차이 표.

으로 발표했다.

1864년 논문에서 오들링은 이렇게 말했다.

> 지금까지 확인된 예순 개 남짓한 원소들의 원자량 혹은 그에 비례하는 수를 크기순으로 정렬하면, 그로부터 만들어지는 등차 수열에 뚜렷한 연속성이 존재함을 알 수 있다.

이어서 이렇게 말했다.

> 함께 수록한 표를 보면 알 수 있듯이, 이처럼 순수하게 숫자순으로 늘어놓은 배열은 원소들을 흔히 인정되는 집단에 따라 수평으로 배열한 결과와 썩 잘 들어맞는다. 첫 세 열은 숫자 순서가 완벽하고, 다음 두 열은 불규칙성이 있기는 하지만 수가 적고 경미한 수준이다.

오들링이 학자로서 자격이 부족하지 않았는데도 학계가 왜 그의 발견을 받아들이지 않았는지, 그 이유는 확실히 알 수 없다. 아마 오들링 본인부터가 화학적 주기성이라는 발상에 그다지 열광하지 않았던데다가 그것이 진정한 자연 법칙일지도 모른다는 생각은 미처 받아들이지 못한 탓이었을 것이다.

구스타부스 힌리히스

미국에서는 막 신대륙으로 건너온 덴마크 이민자 구스타부스 힌리히스가 자신만의 원소 분류 체계를 개발하느라 분주했다. 놀랍게도 그가 발표한 체계는 방사형이었다. 그러나 힌리히스의 글은 그리스 신화를 언급한 신비주의적 표현을 비롯하여 여러 별스러운 표현에 겹겹이 감싸여 있었다. 더군다나 힌리히스 스스로가 동료들과 주류 화학계로부터 거리를 둔 점도 문제였다.

힌리히스는 1836년 당시 덴마크의 일부였으나 훗날 독일에 편입된 홀슈타인 지방에서 태어났다. 그는 코펜하겐 대학에 다니던 스무 살에 첫 책을 냈다. 1861년에 정치적 박해를 피해 미국으로 건너갔고, 고등학교에서 1년을 가르친 뒤 아이오와 대학 현대 언어학부의 학부장으로 임명되었다. 그로부터 또 1년 뒤에는 현대 언어뿐 아니라 자연철학과 화학까지 가르치게 되었다. 그는 또 미국 최초의 기상관측소를 세우고 14년 동안 직접 소장을 맡았다. 힌리히스의 삶과 업적을 소개한 몇 안 되는 글 중 하나를 발표한 칼 재퍼는 이렇게 말했다.

> 힌리히스의 수많은 출판물을 깊이 들여다볼 것 없이 조금만 살펴보아도 그의 자기중심적 열정을 쉽게 알아차릴 수 있다. 그는 그 열정 때문에 신뢰할 수 없는 괴상한 짓을 남발함으로써 자신

이 이룬 다른 많은 업적을 무색하게 만들었다. 시간이 흘러 오늘날이 되어서야 우리는 진실로 그가 떠올렸던—그리하여 그를 휩쓸었던—통찰과 그가 연구 과정에서 받아들였던 참고 자료를 구분할 수 있게 되었다. 자료의 출처가 무엇이든 그는 여러 언어를 동원한 허세로 그것을 윤색하기 일쑤였다. 심지어 그리스철학을 자신의 생각인 양 내세우는 지경이었다.

힌리히스의 폭넓은 관심은 천문학에도 미쳤다. 멀리 플라톤까지 거슬러올라가는 다른 많은 선배들처럼, 힌리히스는 행성들의 궤도 크기에 수학적 규칙성이 있음을 알아차렸다. 1864년 논문에서 그는 아래와 같은 그림 16의 표를 실었다.

힌리히스는 행성과 태양과의 거리를 $2^x \times n$이라는 공식으로 표현했다. 여기에서 n은 금성에서 태양까지의 거리와 수성에서 태양까지의 거리 차, 즉 20단위를 가리킨다. 이때 x의 값이 얼마인가에 따라 공식으로부터 다음 거리들이 계산된다.

$2^0 \times 20 = 20$

$2^1 \times 20 = 40$

$2^2 \times 20 = 80$

$2^3 \times 20 = 160$

$2^4 \times 20 = 320$

태양과의 거리	
수성	60
금성	80
지구	120
화성	200
소행성대	360
목성	680
토성	1320
천왕성	2600
해왕성	5160

16. 힌리히스가 1864년 작성한 행성 거리 표.

…

그 몇 년 전인 1859년, 독일의 구스타프 키르히호프와 로베르트 분젠은 모든 원소가 빛을 방출하며 그 빛을 유리 프리즘에 통과시켜서 분산시키면 정량적으로 분석할 수 있다는 사실을 발견했다. 그들은 또 모든 원소가 한 무리의 선들로 구성된 저마다 독특한 스펙트럼을 드러낸다는 사실을 발견했고, 그 스펙트럼들을 측정하여 상세한 표로 발표하기 시작했다. 어떤 사람들은 그 스펙트럼 선들이 해당 원소에 대한 모종의 정보를 알려줄지도 모른다고 생각했지만, 공교롭게도 공동 발견자인 분젠 자신이 그런 생각에 강하게 반대했다. 분젠은 스펙트럼을 조사하여 원자들을 연구한다거나 어떤 식으로든 분류한다는 발상에 끝까지 단호하게 반대했다.

한편 힌리히스는 원소의 분광 스펙트럼을 원자의 속성과 연결짓는 데 아무 거리낌이 없었다. 그는 특히 어떤 원소든 그 분광 스펙트럼 선들의 주파수가 최소 주파수의 정수배로 나타나는 듯하다는 사실에 흥미를 느꼈다. 가령 칼슘이라면 스펙트럼 선들의 주파수가 1:2:4의 비를 보였다. 이에 대한 힌리히스의 해석은 대담하고 깔끔했다. 앞에서 말했듯이 행성들의 궤도 크기가 정수배의 규칙적 수열을 이루고 스펙트럼 선들의 주파수 차도 정수배를 이룬다면, 후자의 현상은 원소들도

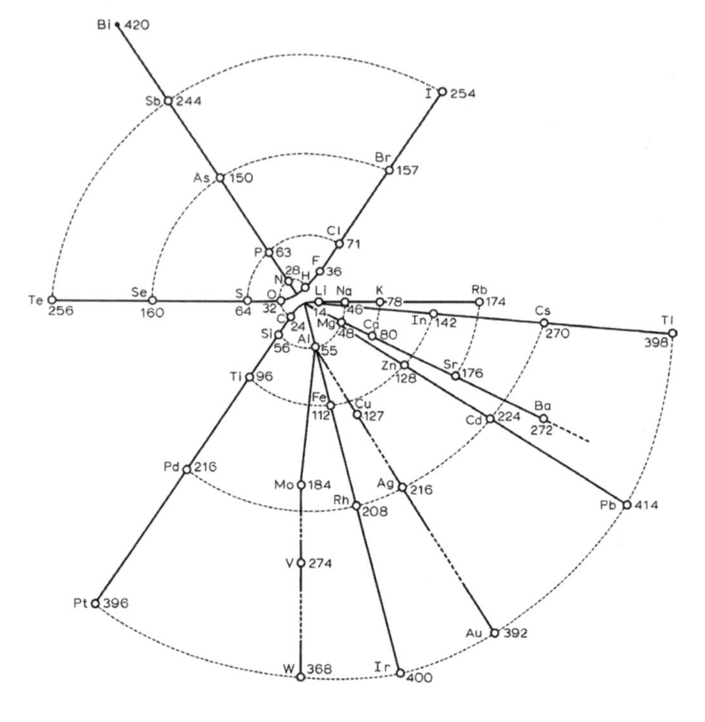

17. 힌리히스의 주기 체계.

행성들처럼 어떤 크기 비를 이루기 때문에 발생하는 것일지도 모른다고 주장했다.

바퀴처럼 생긴 힌리히스의 주기 체계에서 중심점으로부터 바깥을 향해 뻗어나간 열한 개의 '살'은 주로 비금속 원소로 구성된 세 집단과 금속 원소로 구성된 여덟 집단으로 이뤄진다(그림 17). 오늘날의 관점에서 보면 비금속 집단들은 순서가 부정확한 듯하다. 소용돌이 상단에 시계 방향으로 배열된 집단들이 오늘날의 주기율표에서 16, 15, 17족에 해당하는 순서이기 때문이다. 또 힌리히스는 탄소와 규소를 포함하는 집단을 금속으로 분류했는데, 아마도 그 속에 니켈, 팔라듐, 백금 같은 금속들도 포함되어 있기 때문이었을 것이다. 현대 주기율표에서도 뒤의 세 금속이 한 족으로 묶이기는 하지만 그것이 탄소와 규소가 포함된 족은 아니다. 탄소와 규소는 저마늄, 주석, 납과 함께 14족으로 묶인다.

그러나 전반적으로 힌리히스의 주기 체계는 많은 중요한 원소들을 집단으로 묶는 데 성공한 편이었다. 한 가지 큰 장점은 다른 체계들에 비해, 이를테면 뉴랜즈가 1864년과 1865년에 발표했던, 이보다 더 정밀하지만 덜 성공적이었던 주기율표에 비해 무엇무엇을 한 집단으로 묶었는지가 더 명료하게 드러난다는 점이었다. 힌리히스는 화학에 조예가 깊었을 뿐 아니라 광물학에도 통달했다. 모르면 몰라도 그는 모든 주기율 발견자들 중에서 가장 다양한 학문 분야를 넘나드는 인물이었을 것이다. 그가 남들과는 전혀 다른 방향에서 출발하여 나름의 주기율표에 도달했다는 사실은 주기율의 타당성을 뒷받침하는 또하나의 독립적인 증거로 봐도 좋을 것이다.

1869년 〈파머시스트The Pharmacist〉에 발표한 글에서 힌리히스는 자기보다 앞서서 원소 분류를 시도했지만 성공하지 못한 사례들을 소개했다. 그러나 드 샹쿠르투아, 뉴랜즈, 오들링, 로타어 마이어, 멘델레예프 같은 공동 발견자들은 전혀 언급하지 않았다. 참으로 그답게도 힌리히스는 원자량에 직접 의거하여 원소를 분류하려던 시도들은 깡그리 무시했던 것 같다. 그가 여러 외국어에 능통했음을 고려할 때 그런 시도들을 알기는 알았을 텐데 말이다.

율리우스 로타어 마이어

과학계에 어느 정도 영향을 미친 최초의 주기율표를 발표한 사람은 독일 화학자 율리우스 로타어 마이어였다. 그러나 로타어 마이어는 제대로 된 주기율표를 누가 발견했는가 하는 문제에서 보통 멘델레예프에 뒤진 2등으로 여겨진다. 이 평가는 대체로 옳지만, 로타어 마이어의 연구에는 그를 차점자가 아니라 공동 발견자로 여겨도 무방하다고 보게 만드는

	4 werthig	3 werthig	2 werthig	1 werthig	1 werthig	2 werthig
	––	––	––	––	Li = 7.03	(Be = 9.3?)
Differenz =	––	––	––	––	16.02	(14.7)
	C = 12.0	N = 14.04	O = 16.00	Fl = 19.0	Na = 23.05	Mg = 24.0
Differenz =	16.5	16.96	16.07	16.46	16.08	16.0
	Si = 28.5	P = 31.0	S = 32.07	Cl = 35.46	K = 39.13	Ca = 40.0
Differenz =	$\frac{89.1}{2}$ = 44.55	44.0	46.7	44.51	46.3	47.6
	––	As = 75.0	Se = 78.8	Br = 79.97	Rb = 85.4	Sr = 87.6
Differenz =	$\frac{89.1}{2}$ = 44.55	45.6	49.5	46.8	47.6	49.5
	Sn = 117.6	Sb = 120.6	Te = 128.3	I = 126.8	Cs = 133.0	Ba = 137.1
Differenz =	89.4 = 2 x 44.7	87.4 = 2 x 43.7	––	––	(71 = 2 x 35.5)	––
	Pb = 207.0	Bi = 208.0	––	––	(Tl = 204?)	––

18. 로타어 마이어가 1862년 발표한 주기율표.

측면들이 많이 있었다.

멘델레예프처럼 로타어 마이어도 청년일 때 카를스루에 학회에 참석했다. 그는 칸니차로가 그 모임에서 발표한 생각들에 아마도 크게 감명받은 듯, 독일로 돌아와서 곧 칸니차로의 논문들을 독일어로 편집했다. 그리고 카를스루에 학회로부터 불과 2년밖에 지나지 않은 1862년, 두 개의 부분적인 주기율표를 작성했다. 하나는 28개 원소를 원자량 오름차순으로 정렬한 것으로, 원자가가 같은 원소들끼리 세로열로 묶어서 표현했다(그림 18).

1864년, 로타어 마이어는 이론화학 교과서를 출간했다. 큰 영향력을 발휘한 그 책에 그의 두 주기율표가 실려 있었다. 원소 22개를 포함한 두번째 표도 원소들을 대체로 원자량 오름차순으로 배열했다.

로타어 마이어의 접근법은 이론화학적 혹은 물리화학적 접근법이었다. 그는 원소의 밀도, 원자 부피, 녹는점 같은 정량적 성질을 화학적 성질보다 더 중시했다. 사람들이 흔히 생각하는 것과는 달리, 멘델레예프뿐 아니라 로타어 마이어도 주기율표에 빈칸을 남겨두었고 나아가 언젠가 그 빈칸을 채울 원소의 성질을 예측하려는 시도도 해보았다. 로타어 마이어의 예측 중 하나는 1886년에 분리되어 저마늄이라고 명명될 원소가 존재할 것이라는 예상이었다. 멘델레예프와는 달리 로타

1	2	3	4	5	6	7	8
Cr=52.6	Mn=55.1 49.2 Ru=104.3 92.8=2.46.4 Pt=197.1	Al=27.3 $\frac{28.7}{2}$=14.8 Fe=56.0 48.9 Rh=103.4 92.8=2.46.4 Ir=197.1	Al.=27.3 Co=58.7 47.8 Pd=106.0 93=2.465 Os=199.	Ni=58.7	Cu=63.5 44.4 Ag=107.9 88.8=2.44.4 Au=196.7	Zn=65.0 46.9 Cd=111.9 88.3=2.44.5 Hg=200.2	C=12.00 16.5 Si=28.5 $\frac{89.1}{2}$=44.5 $\frac{89.1}{2}$=44.5 Sn=117.6 89.4=2.41.7 Pb=207.0
9	10	11	12	13	14	15	
N=14.4 16.96 P=31.0 44.0 As=75.0 45.6 Sb=120.6 87.4=2.43.7 Bi=208.0	O=16.00 16.07 S=32.07 46.7 Se=78.8 49.5 Te=128.3	F=19.0 16.46 Cl=35.46 44.5 Br=79.9 46.8 I=126.8	Li=7.03 16.02 Na=23.05 16.08 K=39.13 46.3 Rb=85.4 47.6 Cs=133.0 71=2.35.5 Te=204.0	Be=9.3 14.7 Mg=24.0 16.0 Ca=40.0 47.6 Sr=87.6 49.5 Ba=137.1	Ti=48 42.0 Zr=90.0 47.6 Ta=137.6	Mo.=92.0 45.0 Vd=137.0 47.0 W=184.0	

19. 로타어 마이어가 1868년 작성한 주기율표.

어 마이어는 모든 물질이 본질적으로는 동일하다고 믿었으며, 원소들 또한 합성물일 것이라는 프라우트의 가설을 지지했다.

1868년, 로타어 마이어는 교과서의 개정판을 준비하면서 기존 주기율표를 확장하여 총 53개의 알려진 원소를 포함시켰다(그림 19). 그러나 안타깝게도 출판사가 표를 잃어버렸고 그 탓에 표는 개정판에도, 다른 학술지 논문에도 실리지 않았다. 훗날 멘델레예프와 우선권 분쟁이 벌어졌을 때도 로타어 마이어가 이 표를 언급하지 않은 것을 보면 로타어 마이어 자신도 이 표의 존재를 잊었던 모양이다. 만일 그때 이 표가 알려졌더라면, 자신이 먼저 주기율표를 발견했다는 멘델레예프의 주장이 지금처럼 무게 있게 받아들여지지 못했을 수도 있다.

로타어 마이어의 사라진 표는 아주 많은 원소들을 포함했다는 점, 그리고 멘델레예프가 같은 해 발표한 유명한 표에서 실수했던 일부 원소들의 배치를 올바르게 했다는 점에서 큰 가치가 있다. 사라진 표는 로타어 마이어가 죽은 뒤인 1895년에 결국 발표되었지만, 온전하게 성숙한 주기율표에 누가 먼저 도달했는가 하는 문제에 영향을 미치기에는 너무 늦은 시점이었다.

상당히 공개적으로 진행되었던 우선권 분쟁에서 좀더 단호한 태도를 보인 쪽은 멘델레예프였다. 멘델레예프는 자신이 주기율표를 발견했을 뿐 아니라 성공적인 예측도 많이 해냈다는 점을 강조하면서, 따라서 오직 자신만이 발견자로 인정되어야 한다고 주장했다. 로타어 마이어는 다소 패배주의적인 태도를 취했던 듯하다. 심지어 자신은 예측할 용기까지는 없었다고 인정하는 말도 했다.

제 5 장

러시아의 천재, 멘델레예프

드미트리 이바노비치 멘델레예프는 현대 러시아 과학자 중에서 단연코 가장 유명한 인물이다. 그는 주기율표를 발견했을 뿐 아니라 그 체계가 주기율이라는 근본적인 자연 법칙의 존재를 암시한다는 사실도 이해했다. 그는 또 이 법칙의 온전한 의미를 끌어내는 데 긴 시간을 더 들였는데, 특히 주목할 만한 작업은 많은 새 원소들의 존재와 성질을 예측한 것이었다. 게다가 그는 이미 알려진 원소들 중에서도 몇 종의 원자량을 정확하게 수정했고, 주기율표에서 몇몇 원소들의 위치를 제 위치로 바꾸어놓았다.

그러나 무엇보다도 중요한 사실은 멘델레예프가 다양한 분야에서 다른 연구를 많이 하면서도 생애의 여러 시점에 주기율표 연구를 이어가고 더욱 발전시킴으로써 이를 자신의 소유물로 확립했다는 점이다. 그와는 달리, 그보다 앞서서 혹은 동시에 주기율표를 발견했던 다른 연구자들은 발견을 후속 연구로 이어가지 않은 경우가 많았다. 그 결과 멘델레예프의 이름은 자연선택을 통한 진화 이론과 상대성 이론에 각각 다윈과 아인슈타인의 이름이 붙어 있는 것처럼 주기율표에 언제까지나 따라붙게 되었다. 주기율표 이야기에서 멘델레예프가 최고로 중요한 인물인 만큼, 이 장을 통째 그에게 바쳐서 그가 남긴 과학적 업적뿐 아니라 그의 발전 과정까지 이야기하겠다.

멘델레예프가 아주 어렸을 때, 유리 공장을 운영했던 그의 아버지가 눈이 먼 뒤 금세 사망했다. 열네 형제자매 중 막내였던 멘델레예프는 애정 넘치는 어머니의 손에서 자랐는데, 어머니는 아들에게 가능한 한 최고의 교육을 제공하겠다는 의지가 대단했다. 어린 멘델레예프를 수백 킬로미터 떨어진 모스크바로 데려가서 모스크바 대학에 입학시키려고 했을 정도였다. 그러나 멘델레예프는 퇴짜를 맞았다. 대학은 러시아인만 받아주었는데 그가 시베리아 혈통인 것이 이유였던 것 같다. 어머니는 전혀 굴하지 않고 그를 오늘날 국립 상트페테르부르크 대학의 전신인 상트페테르부르크 교육대학에 들여보냈고, 그는 그곳에서 화학, 물리학, 생물학, 그리고 당연히 교육학을 공부했다. 특히 교육학은 그가 성숙한 주기율표를 발견하는 데 중대한 영향을 미칠 것이었다. 안타깝게도 어머니는 그가 대학에 들어가자마자 사망했고, 그는 혼자 힘으로 살아가야 했다.

멘델레예프는 대학 공부를 마친 뒤 프랑스에서 잠시 체류하다가 독일로 가서 로베르트 분젠의 실험실에 적을 두었다. 그러나 그는 집에서 혼자 기체의 속성에 관해 실험하는 편을 더 좋아했다. 독일에 있던 시절에 그는 1860년 카를스루에 학회에 참석했는데, 그가 출중한 화학자여서가 아니라 운 좋게도 알맞은 시기에 알맞은 장소에 있었던 덕분이었다. 로타어 마이어처럼 멘델레예프도 칸니차로의 발상들이 대단히 중요하다는 사실을 단박에 파악했다. 그러나 실제로 칸니차로의 원자량을 쓰기로 마음먹기까지는 로타어 마이어보다 더 긴 시간이 걸렸던 듯하다.

1861년, 멘델레예프는 유기화학 교과서를 써서 모두가 탐내는 러시아의 데미도프 상을 받음으로써 본격적으로 장래성을 드러내기 시작했다. 1865년에는 알코올과 물의 상호작용을 주제로 한 박사학위 논문을 무사히 제출한 뒤, 학생들에게 화학을 더 효과적으로 가르칠 요량으로 무기화학 책을 쓰기 시작했다. 이 무기화학 교과서 첫 권에서 그는 흔한 원소들을 별다른 순서 없이 소개했다. 1868년까지 1권을 다 쓴 그는 이제 2권에서 나머지 원소들을 어떻게 소개할지 고민하기 시작했다.

주기율표 발견

멘델레예프가 원소, 원자량, 분류의 문제를 고민해온 지는 어언 10년이었지만, 그가 마침내 유레카의 순간 혹은 '유레카의 날'을 맞은 것은 1869년 2월 17일이었다. 그날 그는 치즈 공장에 상담 업무를 보러 가기로 했던 약속을 취소하고, 결국 그의 유명한 발명품이 될 주기율표를 탄생시킬 연구에 몰두하기로 했다.

그는 우선 치즈 공장의 초대장 뒷면에 한 줌의 원소들의 기호를 두 줄로 적어보았다.

Na	K	Rb	Cs
Be	Mg	Zn	Cd

그다음 16개 원소로 그보다 좀더 큰 행렬을 짰다.

F	Cl	Br	I				
Na	K	Rb	Cs			Cu	Ag
Mg	Ca	Sr	Ba	Zn	Cd		

그날 저녁까지 멘델레예프는 알려진 원소 63개를 모두 포함한 주기율표의 밑그림을 그려나갔다. 게다가 미발견 원소들을 위한 빈칸도 여러 군데 포함시켰고, 그중 일부에 대해서는 원자량까지 예측해보았다. 그렇게 제작한 첫 주기율표를 200부 인쇄하여 유럽 전역의 화학자들에게 보냈다. 같은 해 3월 6일, 갓 설립된 러시아화학협회 모임에서 멘델레예프의 동료 한 명이 이 발견을 알렸다. 한 달 뒤 신설 협회의 회보에 논문이 실렸고, 독일에서도 그보다 더 긴 논문이 발표되었다.

멘델레예프를 소개한 대중 서적이나 다큐멘터리 프로그램은 그가 꿈에서 주기율표를 떠올렸다거나 원소들을 카드에 적어서 페이션스 게임을 하는 것처럼 늘어놓다가 떠올렸다는 일화를 전하곤 한다. 하지만 과학사학자 마이클 고딘 같은 멘델레예프 전기 작가들은 이제 특히 두번째 일화는 지어낸 이야기라고 본다.

다시 멘델레예프로 돌아와서, 그의 과학적 접근법은 경쟁자 로타어 마이어와는 사뭇 달랐던 것 같다. 멘델레예프는 모든 물질의 근본적 동일성을 믿지 않았고, 모든 원소는 합성물의 성질을 갖고 있다는 프라우트의 가설도 지지하지 않았다. 멘델레예프는 또 세쌍원소 개념과도 조심스럽게 거리를 두었다. 가령 그는 플루오린을 염소, 브로민, 아이오딘과 함께 묶어야 한다고 제안했는데, 그렇게 하면 기존의 세쌍원소를 넘어서 최소한 네 개의 원소로 구성된 묶음을 만들게 되는 셈이었다.

로타어 마이어가 물리 원칙에 집중했고 원소의 성질에서도 주로 물리적 성질에 집중한 데 비해, 멘델레예프는 화학적 성질을 아주 잘 알았다. 그러나 원소 분류에서 무엇을 최우선 기준으로 삼을지 정해야 할 때는 멘델레예프도 원자량 오름차순에 예외를 허용하지 않는 편을 고집했다. 물론 드 샹쿠르투아, 뉴랜즈, 오들링, 로타어 마이어 등 앞선 연구자들도 정도의 차이는 있을지언정 원자량에 따른 배열이 중요하다는 점을 이해하고 있었다. 하지만 멘델레예프는 더 나아가 원자량과 원소의 성질을 철학적으로 더 깊이 이해했기 때문에, 아무도 발들이지 못했던 미발견 원소의 영역까지 진출할 수 있었다.

원소의 속성

화학에는 오래된 수수께끼가 하나 있었다. 예를 들어 설명해보자. 나트륨과 염소가 결합하면, 완전히 새로운 물질인 염화나트륨이 생긴다. 이때 애초에 존재했던 원소들은 화합물 속에서 살아남은 것처럼 보이지 않는다. 적어도 겉으로 보기에는 그렇다. 이것이 바로 화학결합이라는 현상이고, 이 현상은 가령 황가루와 철가루를 섞는 물리적 혼합과는 전혀 다르다.

화학결합의 경우 한 가지 문제는 결합한 원소들이 화합물 속에서 어떻게 살아남는가를 이해하는 것이었다. 이 문제를 더 복잡하게 만드는 요인은 영어를 비롯한 여러 언어에서 '원소'라는 단어를 염화나트륨 속 염소처럼 이미 결합한 물질을 가리킬 때도 쓴다는 점이었다. 게다가 영어에서는 결합하지 않은 녹색 염소 기체와 결합한 염소가 공통으로 지닌 어떤 성질을 가리킬 때도 '원소'라는 단어를 쓴다. 우리가 주기율표로 분류하려고 애쓰는 물질들을 묘사하는 이 핵심적인 화학 용어에 무려 세 가지 의미가 있는 셈이다.

방금 말한 세번째 의미의 '원소'는 그 밖에도 형이상학적 원소, 추상 원소, 초월적 원소라고 불렸고 최근에는 '기본 물질로서의 원소'라고도 불린다. 이것은 어떤 고유의 성질을 지닌 추상적 존재로서의 원소, 하지만 염소의 초록색과 같은 현상학적 성질들은 제외한 존재를 뜻한다. 반면 초록 염소 기체와 같은 구체적 물질은 '단순한 물질' 혹은 '홑원소물질'이라고 부른다.

18세기 말 화학을 혁신했던 앙투안 라부아지에의 업적 중 하나는 홑원소물질로서의 원소, 즉 분리된 형태의 원소에 사람들의 관심을 집중시킨 것이었다. 이것은 화학이 짊어졌던 과도한 형이상학적 짐을 덜어냄으로써 화학을 발전시키려는 의도였고 실제로 위대한 진전이었다. 이제 '원소'란 어떤 화합물의 구성 성분을 낱낱이 분리했을 때 맨 마지막에 남는 물질을 뜻했다. 라부아지에가 정말로 더 추상적이고 철학적인 원소 개념을 없애려고 했던 것인지는 논란의 여지가 있는 문제이지만, 어쨌든 그 덕분에 이런 의미의 원소가 실제로 분리할 수 있는 원소보다 덜 중요하게 여겨지게 된 것만은 사실이다.

그러나 추상적 의미의 원소 개념이 완전히 잊힌 것은 아니었으니, 그 개념을 이해할뿐더러 그 지위를 격상시키려고 했던 화학자들이 더러 있었고 그중 한 명이 바로 멘델레예프였다. 멘델레예프는 주기율표란 1차적으로 이런 추상적 의미의 원소들을 분류하는 체계이지 꼭 실제로 분리 가능한 구체적 원소들을 분리하는 체계로만 볼 필요는 없다고 거듭 주장했다.

내가 이 주제를 이렇게 자세히 이야기하는 것은 멘델레예프의 이런 견해가 그로 하여금 분리된 형태의 원소에만 집중하는 화학자들보다 원소를 더 깊이 들여다볼 수 있게 해주었기 때문이다. 덕분에 멘델레예프는 원소들의 겉모습을 넘어서서 볼 수 있었다. 어떤 원소가 특정 집단에 잘 맞지 않는 것처럼 보이는 경우, 멘델레예프는 더 깊은 의미의 원소 개념에 의지함으로써 분리된 형태 혹은 홑원소물질 형태의 원소가 드러내는 외견상의 성질을 어느 정도 무시할 수 있었다.

멘델레예프의 예측

멘델레예프의 위대한 성공 중 하나이자 아마도 그의 명성에 제일 크게 기여한 요소는 그가 여러 새로운 원소들의 존재를 정확하게 예측했다는 사실이다. 게다가 그는 몇몇 원소들의 원자량을 정확하게 조정했고, 또다른 원소들의 주기율표상 위치를 올바르게 옮겼다. 앞에서 말했듯이, 그가 그렇게 멀리 내다볼 수 있었던 것은 원소의 성질에 대한 철학적 이해가 경쟁자들보다 더 깊었기 때문일지도 모른다. 그는 원소의 추상적 개념에 집중함으로써 실제 분리된 원소가 드러내는 성질을 액면 그대로 받아들일 때 발생하는 장애물을 극복할 수 있었다.

멘델레예프는 물론 원자량을 제일 중요한 정렬 기준으로 여겼지만 화학적 성질, 물리적 성질, 한 족 내에서의 유사성도 고려했다. 로타어 마이어가 원소의 물리적 성질에 집중했던 데 비해 멘델레예프는 화학적 성질에 좀더 주의를 기울였다. 멘델레예프가 사용한 또다른 기준은 주기율표의 한 칸에 하나의 원소만 들어가야 한다는 것이었다. 다만 그는 그가 8족으로 분류했던 지점에 대해서는 이 원칙을 선뜻 깨뜨렸다(그림 5). 어쨌거나 그보다 더 중요한 기준은 원소를 원자량 오름차순으로 정렬해야 한다는 것이었다. 그가 이 원칙마저 깨뜨린 듯한 지점이 한두 군데 있기는 했지만, 더 면밀히 살펴보면 사실은 그렇게 단순한 일이 아니었다.

텔루륨과 아이오딘은 주기율표에 등장하는 네 쌍의 원자량 순서 역전 사례 중 하나이자 가장 유명한 사례다. 순서 역전 쌍이란 원자량 오름차순으로 배치했을 때의 순서를 뒤집은 순서를 취하는 원소들을 뜻한다(텔루륨의 원자량은 127.6이고 아이오딘은 126.9이지만 주기율표에서 텔루륨이 아이오딘 앞에 온다). 화학사를 이야기하는 글들은 멘델레예프가 원자량 순서보다 화학적 성질을 우선시함으로써 두 원소의 위치를 뒤집었던 것이야말로 그의 영민함을 보여주는 증거라고 말하곤 한다. 그러나 그런 주장은 여러 측면에서 틀렸다. 우선 멘델레예프는 이 쌍을 역전시킨 최초의 화학자가 아니었다. 멘델레예프가 논문을 발표하기 한참 전에 오들링, 뉴랜즈, 로타어 마이어가 발표한 표들에서도 텔루륨과 아이오딘의 위치는 모두 역전되어 있었다. 둘째로 멘델레예프는 원자량 순서보다 화학적 성질을 더 강조해서 이렇게 결정한 것이 아니었다.

멘델레예프는 사실 원자량 오름차순으로 정렬한다는 기준을 고수했으며, 이 원칙에 결코 예외를 허락해서는 안 된다는 견해도 몇 번이고 밝혔다. 그렇다면 텔루륨과 아이오딘에 대해서는 어떻게 생각했는가 하면, 두 원소 중 하나나 둘 다의 원자량이 잘못 결정된 것이라고 보았다. 그리고 향후 그 원자량이 제대로 측정된다면 원자량 순으로 정렬하더라도 텔루륨이 아이오딘 앞에 오는 결과가 확인될 것이라고 믿었다. 멘델레예프의 예측이 틀렸던 대목들은 오늘날 좀처럼 이야기되지 않는 편이지만, 사실은 그가 틀린 대목도 많았고 이 또한 그런 경우였다.

멘델레예프가 처음 주기율표를 발표했던 시점에 통용되던 텔루륨과 아이오딘의 원자량은 각각 128과 127이었다. 원소 정렬의 기본 원칙이 원자량이라고 믿었던 그에게는 이 값들의 정확성을 의심하는 수밖에 다른 방법이 없었다. 화학적 성질을 따지자면 텔루륨이 6족으로 묶이고 아이오딘이 7족으로 묶여야 한다는 사실, 따라서 이 쌍이 '뒤집혀야' 한다는 사실이 확실했기 때문이다. 멘델레예프는 죽을 때까지 이 원자량들의 신뢰도를 의심했다.

처음에 그는 아이오딘의 원자량은 정확한데 텔루륨의 원자량이 틀렸다고 보았다. 그래서 후속으로 발표한 주기율표에서 텔루륨의 원자량을 125라고 쓰기 시작했다. 또 한번은 흔히 통용되는 원자량 128은 그가 에카텔루륨이라고 명명한 새로운 원소와 텔루륨이 혼합된 표본을 측정한 결과였을 것이라고 주장했다. 멘델레예프의 이런 주장에 자극받아, 체코 화학자 보후슬라프 브라우네르는 1880년대 초부터 텔루륨 원자량을 새로 결정하기 위한 실험에 나섰다. 1883년 브라우네르는 텔루륨의 원자량을 125로 수정해야 한다고 보고했고, 브라우네르가 이렇게 발표한 자리에 참석했던 다른 사람들은 멘델레예프에게 축하의 전보를 보냈다. 1889년 브라우네르는 텔루륨의 원자량을 125로 결정했던 이전 결과를 더 지지하는 듯한 새로운 결과도 얻었다.

그러나 1895년 상황이 완전히 변했다. 다른 사람도 아닌 브라우네르가 텔루륨의 원자량이 아이오딘보다 크다는 새로운 결과를 발표하여 사태를 원점으로 되돌렸던 것이다. 그러자 멘델레예프는 이제 텔루륨 대신 아이오딘의 통용 원자량을 의심하기 시작했다. 그는 아이오딘의 원자량을 다시 측정하기를 요청했고 그 값이 기존보다 높게 나오기를 바랐다. 이후 몇몇 주기율표에서는 텔루륨과 아이오딘의 원자량을 둘 다 127으로 표시하기도 했다. 이 문제는 1913~1914년에 모즐리가 원자량이 아니라 원자번호에 따라 원소를 정렬해야 한다는 사실을 보여준 뒤에야 해결되었다. 텔루륨은 아이오딘보다 원자량은 크지만 원자번호는 작기 때문에 화학적 행동에 어울리게끔 아이오딘 앞에 배치하는 편이 옳았다.

멘델레예프의 예측들이 기적처럼 보일 수도 있겠지만, 사실 그것은 미발견 원소 양옆에 놓인 원소들의 성질을 바탕으로 조심스럽게 외삽한 결과였다. 멘델레예프는 1869년 발표한 첫 주기율표 논문에서부터 예측을 제기했다. 다만 자신의 예측에 대해 더 자세한 설명을 내놓은 것은 1871년 발표한 좀

더 긴 논문에서였다. 그는 먼저 알루미늄과 규소 밑의 두 빈칸에 주목하며 그 자리에 올 두 원소에 각각 에카알루미늄과 에카규소라는 임시명을 부여했다. 산스크리트어로 '하나'를 뜻하는 접두사 에카eka를 붙인 이름이었다. 1869년 논문에서 그는 이렇게 썼다.

> 우리는 아직 알려지지 않은 원소들을 발견하리라고 예상해야 한다. 가령 알루미늄과 규소와 비슷하지만 원자량은 65~75인 원소를.

1870년 가을에 그는 세번째 원소를 추측하기 시작했다. 주기율표에서 붕소 밑에 놓이는 원소였다. 그는 세 원소의 원자부피를 다음과 같이 나열했다.

에카붕소	에카알루미늄	에카규소
15	11.5	13

1871년에는 세 원소의 원자량을 다음과 같이 예측했다.

에카붕소	에카알루미늄	에카규소
44	68	72

성질	에카규소에 대한 예측값 (1871년)	실제 발견된 저마늄의 값 (1886년)
상대 원자 질량	72	72.32
비중	5.5	5.47
비열	0.073	0.076
원자 부피	$13cm^3$	$13.22cm^3$
색깔	진회색	회백색
이산화물의 비중	4.7	4.703
사염화물의 끓는점	100°C	86°C
사염화물의 비중	1.9	1.887
테트라에틸 유도체의 끓는점	160°C	160°C

20. 에카규소(저마늄)의 성질에 대한 멘델레예프의 예측값과 실제 관측값.

그리고 이들의 여러 화학적·물리적 성질도 자세히 예측했다.

그가 이렇게 예측한 원소들이 확인된 것은 6년 뒤로, 첫 타자는 후에 갈륨이라고 명명되는 원소였다. 멘델레예프의 예측은 약간의 사소한 예외를 제외하고는 거의 전부 정확했다. 그가 에카규소라고 불렀던 원소, 즉 나중에 독일 화학자 클레멘스 빈클러가 분리하여 저마늄으로 명명한 원소의 경우를 보면 멘델레예프의 예측이 얼마나 정확했는지 실감할 수 있다. 멘델레예프가 틀린 대목은 저마늄 사염화물의 비중뿐인 것 같다(그림 20).

멘델레예프의 실패한 예측

멘델레예프의 모든 예측이 이처럼 극적으로 성공한 것은 아니었다. 그러나 주기율표의 역사에 관한 대부분의 대중적 글들은 이 사실을 좀처럼 이야기하지 않는 듯하다. 그림 21이 보여주듯이, 그가 발표했던 총 18가지 예측 중 최대 9가지는 맞지 않았다. 물론 모든 예측에 똑같은 중요성을 부여할 수는 없다. 그 이유는 일부 원소가 희토류에 해당했기 때문인데, 희토류는 서로 성질이 몹시 비슷한지라 이후에도 오랫동안 주기율표가 제대로 처리하지 못할 어려운 과제였다.

게다가 멘델레예프의 실패한 예측은 철학적으로 중요한 문제를 하나 제기한다. 과학사나 과학철학을 연구하는 학자들은 과학이 발전하는 과정에서 이루어진 성공적인 예측, 그리고 이미 알려진 데이터를 성공적으로 설명해낸 연구 중 어느 쪽을 더 높게 쳐야 하는가를 두고 토론해왔다. 성공한 예측이 우리에게 심리적으로 큰 감흥을 일으킨다는 것은 반박할 수 없는 사실이다. 그것은 꼭 과학자에게 미래를 내다보는 능력이 있다는 뜻처럼 보이기 때문이다. 하지만 이미 알려진 데이터를 성공적으로 설명해내는 것 또한 인상적인 작업이다. 보통은 새 이론으로 통합해내야 할 기존 정보의 양이 아주 많기 때문에 더 그렇다. 멘델레예프와 주기율표의 경우가 꼭 그랬다. 그는 그 시점까지 알려진 최대 63개 원소 전부를 완전하고 일관된 체계 내에 잘 포함시켜야 했다.

주기율표가 발견된 시점에는 아직 노벨상이 제정되지 않았다. 당시 화학계에서 가장 영예로운 상은 영국 왕립화학협회가 화학자 험프리 데이비의 이름을 따서 수여하는 데이비 메달이었다. 그런데 1882년 데이비 메달은 로타어 마이어와 멘델레예프에게 공동으로 돌아갔다. 이 사실을 보건대, 수상자를 결정했던 화학자들은 멘델레예프의 성공적인 예측에 지나치게 감명받지는 않았던 모양이다. 이렇다 할 예측을 내놓지 않았던 로타어 마이어의 업적도 동등하게 인정했던 것을 보면. 게다가 두 사람에게 상을 주면서 밝힌 시상 이유에 멘델레

멘델레예프가 불렀던 원소명	그가 예측했던 원자량	측정된 원자량	실제 부여된 원소명
코로늄	0.4	발견되지 않음	발견되지 않음
에테르	0.17	발견되지 않음	발견되지 않음
에카붕소	44	44.6	스칸듐
에카세륨	54	발견되지 않음	발견되지 않음
에카알루미늄	68	69.2	갈륨
에카규소	72	72	저마늄
에카망가니즈	100	99	테크네튬(1939년)
에카몰리브데넘	140	발견되지 않음	발견되지 않음
에카나이오븀	146	발견되지 않음	발견되지 않음
에카카드뮴	155	발견되지 않음	발견되지 않음
에카아이오딘	170	발견되지 않음	발견되지 않음
에카세슘	175	발견되지 않음	발견되지 않음
트라이망가니즈	190	186	레늄(1925년)
드비텔루륨	212	210	폴로늄(1898년)
드비세슘	220	223	프랑슘(1939년)
에카탄탈럼	235	231	프로트악티늄(1917년)

21. 멘델레예프의 예측. 성공한 것도 있고 성공하지 못한 것도 있다.

예프의 성공한 예측에 관한 언급은 전혀 없었다. 적어도 그 저명한 영국 화학자들은 성공적인 예측이 주는 심리적 감흥에 휘둘려서 그것이 이미 알려진 원소들을 잘 설명한 능력보다 우월한 업적이라고 생각하게 되지는 않았던 모양이다.

비활성기체

19세기 말 발견된 비활성기체는 여러 이유에서 주기율표에 흥미로운 도전 과제였다. 여러 원소들에 대해 놀라운 예측을 내놓았던 멘델레예프도 이 원소 집단(헬륨, 네온, 아르곤, 크립톤, 제논, 라돈)은 전혀 예측하지 못했다. 그뿐 아니라 다른 누구도 이 원소들을 예측하지 못했고 심지어 존재조차 짐작하지 못했다.

맨 처음 분리된 비활성기체는 1894년 런던의 유니버시티 칼리지에서 발견된 아르곤이었다. 앞서 언급했던 많은 원소와는 달리, 이 원소는 모든 특징들이 마치 작당이라도 한 듯이 주기율표에서 제자리를 찾아주기가 극도로 어려운 성격을 드러냈다. 비활성기체가 할로겐족과 알칼리금속 사이에서 여덟 번째 족으로 위치를 잡기까지는 이로부터 6년이나 걸렸다.

아무튼 최초로 분리된 비활성기체였던 아르곤 이야기로 돌아가자. 아르곤은 질소 기체로 실험하던 레일리 경과 윌리엄 램지에 의해 소량 확보되었다. 그런데 주기율표에서 원소에 제자리를 찾아주려면 꼭 알아야 하는 성질인 아르곤의 원자량을 좀처럼 알아낼 수가 없었다. 아르곤이 원자 몇 개로 이루어진 기체인지부터가 결정하기 어려웠기 때문이다. 아르곤에 대한 측정 결과들은 대체로 이것이 단원자분자라는 결론을 가리켰지만, 당시 알려진 모든 기체는 이원자분자였다(가령 수소, 질소, 산소, 플루오린, 염소가 모두 그랬다). 아르곤이 정말 단원자분자라면 원자량은 약 40일 텐데, 그러면 주기율표에 끼워 넣기가 좀 난감했다. 주기율표에서 그 값에 해당하는 자리에는 빈칸이 없었기 때문이다. 칼슘의 원자량이 약 40이었고 그다음 멘델레예프의 가장 성공적인 예측 중 하나였던 스칸듐이 원자량 44로 이어졌다. 그러니 원자량 40인 새 원소에 내줄 자리는 없는 듯 보였다(그림 5).

염소(원자량 35.5)와 칼륨(39) 사이에 제법 널찍한 빈틈이 있기는 했다. 하지만 아르곤을 그 두 원소 사이에 두면 상당히 거슬리는 순서 역전이 발생할 터였다. 당시 알려졌던 순서 역전은 텔루륨과 아이오딘 한 쌍뿐이었다는 사실, 그리고 그것이 대단히 변칙적인 현상으로 여겨졌다는 사실을 상기해야 한다. 멘델레예프는 텔루륨과 아이오딘의 순서 역전이 둘 중 한쪽 혹은 둘 다의 원자량이 잘못 측정된 탓이라고 결론 내렸었다.

아르곤의 또다른 특이한 성질은 화학적 활성이 전혀 없다는 점이었다. 이것은 곧 화학자들이 아르곤 화합물을 조사할 수 없다는 뜻이었다. 그런 화합물이 존재하지를 않으니까. 어떤 이들은 이런 비활성은 이 기체가 진정한 원소가 아님을 뜻하는 증거라고 여겼다. 정말로 그렇다면, 이 원소를 주기율표에서 어디에 둘까 하는 곤경에서 쉽게 빠져나올 수 있었다. 애초에 어디에든 둘 필요가 없었으니까.

그러나 다른 많은 이들은 이 원소를 어떻게든 주기율표에 집어넣으려는 시도를 계속했다. 아르곤의 위치는 1885년 왕립학회 총회의 주요 안건이었고, 이 회의에는 당대의 선도적인 화학자들과 물리학자들이 모두 참석했다. 아르곤의 발견자인 레일리와 램지는 회의에서 이 원소가 아마 단원자분자인 것 같지만 확실하지는 않다고 인정했다. 그들은 이 기체가 혼합물이 아니라는 사실도 확신할 수 없다고 말했는데, 그렇다면 원자량이 40이 아닐 수도 있다는 뜻이었다. 한편 윌리엄 크룩스는 아르곤의 끓는점과 녹는점이 모호하지 않음을 시사하는 증거를 제시하여 아르곤이 혼합물이 아니라 단일 원소라는 주장을 어느 정도 뒷받침했다. 역시 출중한 화학자 헨리 암스트롱은 아르곤이 질소처럼 행동할지도 모른다고 주장했다. 개별 원자는 반응성이 극히 높더라도 이원자분자를 이루었을 때는 활성이 없을 수도 있다는 말이었다.

물리학자 아서 윌리엄 루커는 약 40이라는 원자량은 정확한 값인 것 같고 이 원소를 주기율표에 집어넣을 수 없다면 잘못된 것은 오히려 주기율표 쪽일 거라고 주장했다. 멘델레예프가 주기율표를 발표한 지 16년이나 흘렀고 그의 유명한 예측 세 가지가 모두 사실로 확인된 뒤였음에도 모두가 주기율표의 타당성을 믿었던 것은 아님을 보여준다는 점에서 흥미로운 발언이었다.

이런 형편이었으니 왕립학회 모임에서 제시된 사실들만 갖고서 새 원소 아르곤의 운명을 결정하기는 역부족이었다. 모임에 참석하지 않았던 멘델레예프는 런던에서 발행되는 〈네이처〉에 투고한 논문에서 아르곤은 질소 원자 세 개로 이뤄진 삼원자분자라고 주장했다. 그의 근거는 40으로 추정되는 원자량을 3으로 나누면 약 13.3이 되어 질소의 원자량 14와 크게 다르지 않다는 점이었다. 아르곤이 질소 기체를 사용한 실험에서 발견되었다는 사실도 삼원자분자 가설에 어느 정도 설득력을 부여했다.

마침내 문제가 해결된 것은 1900년에 이르러서였다. 새 기체의 공동 발견자인 램지가 베를린 학회에서 멘델레예프에게 그즈음에는 이미 헬륨, 네온, 크립톤, 제논까지 포함하도록 불어난 새 원소 집단을 할로겐족과 알칼리금속 사이에 여덟 번째 족으로 끼워 넣으면 문제가 깔끔하게 해결된다고 알렸다.

이 새로운 원소들 중 첫번째로 발견되었던 아르곤은 실제 유달리 까다로운 사례였다. 정말로 새로운 순서 역전 쌍을 이루는 경우였기 때문이다. 아르곤은 원자량이 약 40이지만 원자량이 약 39인 칼륨보다 앞에 온다. 멘델레예프는 이 제안을 흔쾌히 받아들였고 나중에 이렇게 썼다.

> 이 일은 그(램지)에게는 새로 발견된 원소들의 위치를 확증해준다는 점에서, 내게는 주기율의 보편적 응용성이 멋지게 확인되었다는 점에서 대단히 중요한 사건이었다.

새로 발견된 비활성기체들은 주기율표를 위협하기는커녕 그 속에 성공적으로 포함됨으로써 멘델레예프가 주장한 주기율의 힘과 보편성을 더욱 강조해주었다.

제 6 장

주기율표를 침범한 물리학

존 돌턴이 과학에 원자 개념을 재도입한 뒤에도 화학자들은 논쟁을 이어갔는데, 대부분은 원자가 말 그대로 실존하는 실체라는 생각을 받아들이지 않았다. 멘델레예프도 그런 회의적 화학자 중 한 명이었지만, 앞에서 보았듯이 그럼에도 불구하고 그가 당시 제안된 숱한 주기율표들 가운데 가장 성공적인 주기율표를 발표하는 데는 아무런 지장이 없었다. 20세기 들어설 무렵에는 아인슈타인이나 페랭 같은 물리학자들의 연구에 힘입어 원자가 실체라는 사실이 점점 더 굳어졌다. 아인슈타인이 통계 기법을 사용하여 브라운 운동을 설명했던 1905년 논문은 원자의 존재에 이론적으로 결정적 근거를 제공했지만, 실험 면에서는 아직 근거가 없었다. 그 근거는 곧

22. 마리 퀴리.

프랑스 실험물리학자 장 페랭이 제공했다.

이러한 작업은 원자 구조를 탐구하는 다방면의 연구로 발전했고, 그 결과는 주기율을 이론적으로 이해하려는 노력에 큰 영향을 미칠 터였다. 이 장에서는 그런 원자 연구와 그 밖에도 내가 '물리학의 주기율표 침범'이라고 부르는 현상에 기여했던 20세기 물리학의 중요한 발견들을 살펴보자.

아원자 입자 중 최초로 확인된 전자를 발견한 사람, 그럼으로써 원자에도 하위 구조가 있을지 모른다는 사실을 밝힌 사람은 1897년 케임브리지의 캐번디시 연구소에서 일하던 전설적인 물리학자 J. J. 톰슨이었다. 그 얼마 전인 1895년에는 독일 뷔르츠부르크에서 빌헬름 콘라트 뢴트겐이 엑스선을 발견했다. 새로운 엑스선은 원래 맨체스터에 있다가 옥스퍼드로 옮겨서 짧은 과학자 경력의 마지막까지 그곳에서 연구했던 헨리 모즐리가 곧 유용하게 활용할 터였다.

뢴트겐이 엑스선 발견을 기록한 때로부터 불과 1년 뒤, 파리의 앙리 베크렐도 어마어마하게 중요한 현상을 발견했다. 어떤 원자들이 자발적으로 쪼개지면서 처음 보는 종류의 여러 방사선을 방출하는 방사능 현상이었다. '방사능'이라는 용어를 만든 사람은 폴란드 태생의 마리 스크워도프스카(결혼 후 성은 퀴리)였다(그림 22). 그는 남편 피에르 퀴리와 함께 이 새롭고도 위험한 현상을 연구하는 일에 뛰어들었고, 곧 새로운 두 원소를 발견하여 폴로늄과 라듐이라고 이름 붙였다.

과학자들은 원자가 방사성 붕괴를 겪는 동안 어떻게 쪼개지는지 연구함으로써 원자의 구성 성분을 더 효과적으로 탐구할 수 있었을 뿐 아니라 한 원자가 다른 원자로 변하는 현상에 관여하는 법칙들도 탐구할 수 있었다. 물론 주기율표의 원소들은 각자 다른 종류의 원자로 이루어져 있지만, 특정 조건에서는 한 원소의 원자가 다른 원소의 원자로 바뀔 수 있는 듯했다. 예를 들어 어떤 원소가 알파입자, 즉 양성자 두 개로 이뤄진 헬륨 원자핵과 동일한 입자를 잃으면 그 원소는 원자번호가 그보다 두 단위 낮은 다른 원소로 바뀌었다.

이 시기에 활동하면서 역시 크나큰 영향력을 보였던 또다른 물리학자는 어니스트 러더퍼드였다. 뉴질랜드 출신인 러더퍼드는 연구원이 되려고 케임브리지로 왔다가 캐나다 몬트리올의 맥길 대학과 영국의 맨체스터 대학에 체류했고, 이후 케임브리지로 돌아와서 J. J. 톰슨의 후임으로 캐번디시 연구소 소장이 되었다. 러더퍼드가 핵물리학에 남긴 업적은 많고 다양한데, 그중에는 방사성 붕괴에 관여하는 법칙들을 발견한 것뿐 아니라 최초로 '원자를 쪼갠 것'도 있었다. 그는 또 최초로 한 원소를 다른 원소로 '변성'시키는 데 성공한 사람이었다. 이 작업으로 러더퍼드는 역시 전혀 다른 종류의 원소를 만들어내는 방사성 붕괴와 비슷한 현상을 인위적으로 만들어낸 셈이었고, 그럼으로써 모든 물질이 근본적으로는 동일하다는 개념에 새삼 힘을 실어주었다. 앞에서도 말했지만 이것은 멘델레예프가 평생 격렬하게 반대한 개념이었다.

러더퍼드의 또다른 발견은 원자핵 모형을 고안한 것이었다. 원자 한가운데에 핵이 있고 음전하를 띤 전자들이 그 주변을 둘러싼 궤도를 돈다는 그의 발상은 요즘은 거의 당연한 생각으로 여겨진다. 한편 러더퍼드의 전임자였던 톰슨이 앞서 고안했던 원자 모형은 양전하를 띤 구가 있고 전자들이 그 속을 돌아다니는 형태였다.

그러나 축소판 태양계 같은 원자핵 모형을 처음 제안한 사람은 사실 러더퍼드가 아니었다. 그 영예는 프랑스 물리학자 장 페랭에게 돌아간다. 페랭은 일찍이 1900년에 음전하를 띤 전자들이 태양을 도는 행성들처럼 양전하를 띤 원자핵 주변을 돈다는 가설을 제안했다. 한편 1903년 일본의 나가오카 한타로는 전자들이 마치 토성의 고리처럼 널찍한 고리 속에서 제각각 한자리씩 차지하고 있을 것이라는 토성 모형을 제안하여 이 천문학적 비유에 새로운 요소를 더했다. 그러나 페랭도 나가오카도 자신의 원자 모형을 뒷받침하는 확실한 실험적 증거는 내놓지 못했다. 반면 러더퍼드는 그럴 수 있었다.

러더퍼드는 자신의 지도를 받던 한스 가이거와 어니스트 마스든과 함께 얇은 금박에 알파입자 선을 쏘는 실험을 했다가 몹시 놀라운 결과를 얻었다. 대부분의 알파입자는 금박을 거의 거침없이 뚫고 지나갔지만 그러지 않고 큰 각도로 꺾이는 입자도 적잖은 수가 있었다. 러더퍼드의 결론은 금 원자가, 나아가 다른 어떤 원자라도, 밀도가 높은 정중앙의 핵을 제외하고는 대체로 텅 빈 공간으로 구성되어 있다는 것이었다. 일부 알파입자가 뜻밖에도 금박을 향해 발사되는 알파선 쪽으로 도로 튕겨 나온다는 사실은 모든 원자 한가운데에 아주 작은 핵이 있다는 증거였다.

그렇다면 자연은 과학자들이 그때까지 생각했던 것보다 더 융통성이 있는 셈이었다. 가령 멘델레예프는 모든 원소는 엄격하게 개별적인 존재라고 믿었다. 그는 한 원소가 다른 원소로 바뀔 수 있다는 발상을 받아들이지 못했다. 퀴리 부부가 원자를 쪼갠 것처럼 보이는 실험 결과를 발표한 뒤, 말년에 가까웠던 멘델레예프는 직접 그 증거를 보기 위해서 파리로 찾아갔다. 그가 퀴리 부부의 실험실을 방문한 뒤에라도 그 새롭고 급진적인 개념을 받아들였는지는 알 수 없다.

엑스선

1895년, 독일 물리학자 뢴트겐은 마흔의 나이에 엄청난 발견을 해냈다. 그때까지 그의 연구 성과는 별 볼 일 없는 편이었다. 훗날 핵물리학자 에밀리오 세그레는 이렇게 썼다.

> 뢴트겐은 1895년 초까지 48편의 논문을 썼지만 지금 그 논문들은 사실상 다 잊혔다. 그러나 49번째 논문으로 그는 노다지를 캤다.

뢴트겐은 크룩스관이라고 불리는 진공 유리관 속에서 전류가 어떻게 활동하는지 탐구하고 있었다. 그러던 중 실험과는 무관하게 실험실 저편에 놓여 있던 어느 물체가 빛을 발하는 것을 보았다. 바륨 시안화백금산염을 입힌 스크린이었다. 그는 그 빛이 전류 때문에 발생하는 것은 아님을 금세 확인했고, 따라서 크룩스관 내부에서 모종의 새로운 선이 방출되는 것일지도 모른다고 추측했다. 곧 뢴트겐은 엑스선의 가장 유명한 성질도 발견했다. 그 선을 손에 쬐면 뼈의 윤곽만 선명하게 드러난 영상을 얻을 수 있다는 점이었다. 그것은 앞으로 의학에서 수많은 방식으로 응용될 강력한 신기술의 등장이었다. 7주 동안 비밀리에 작업한 뒤, 뢴트겐은 뷔르츠부르크물리의학협회에서 결과를 발표했다. 새로운 엑스선이 당시만 해도 아직 거리가 멀었던 그 두 분야, 물리와 의학에 향후 큰 영향을 미치리라는 점을 고려하면 퍽 흥미로운 우연의 일치였다.

뢴트겐이 찍은 엑스선 사진들 중 일부는 파리로 보내져 앙리 베크렐의 손에 들어갔다. 베크렐은 인광, 즉 일부 물질이 햇빛에 노출되면 빛을 방출하는 현상과 엑스선 사이에 무슨 관계가 있는지 알아보고 싶었다. 그 가설을 시험하기 위해서 그는 약간의 우라늄염 결정을 두꺼운 종이로 감쌌는데, 마침 해가 나지 않았던지라 며칠 그 물질을 서랍에 넣어두기로 했다. 그런데 또 한 번 운이 좋아서, 하필이면 그 결정을 현상하지 않은 사진판 위에 올린 채 서랍을 닫았다. 그러고는 파리의 날씨가 우중충했던 다음 며칠 동안 다른 일을 보았다.

마침내 서랍을 열었을 때, 베크렐은 서랍 속에 햇빛이 전혀 닿지 않았는데도 우라늄 결정의 모습이 사진판에 찍힌 것을 보고 깜짝 놀랐다. 이것은 인광과는 무관한 현상이었고, 우라늄염이 스스로 모종의 선을 방출한다는 사실을 암시하는 결과였다. 베크렐이 발견한 것은 바로 방사능, 즉 일부 물질의 원자들이 자발적으로 붕괴하면서 강력하고 어떤 경우에는 위험하기까지 한 복사선을 내놓는 자연적 과정이었다. 몇 년 뒤 이 현상에 '방사능'이라는 이름을 붙인 사람은 마리 퀴리였다.

이 실험과 엑스선에 모종의 관계가 있으리라고 보았던 가설은 결국 틀린 것으로 드러났다. 베크렐은 엑스선과 인광 사이에서 어떤 연관성도 찾지 못했다. 엑스선은 사실 베크렐의 실험에 등장하지조차 않았지만, 그는 향후 여러 방면에서 엄청나게 중요해질 현상을 발견한 것이었다. 방사능은 우선 물질과 복사를 탐구하는 과정에서 등장한 초기의 중요한 발견이었고, 둘째로 간접적으로나마 핵무기 개발로 이어질 것이었다.

러더퍼드로 돌아가서

1911년 무렵 러더퍼드는 원자 산란 실험의 결과를 분석함으로써 원자핵의 전하는 그 원자량의 약 절반이라는 결론, 즉 $Z \approx A/2$라는 결론에 도달했다. 옥스퍼드의 물리학자 찰스 바클라의 연구도 러더퍼드의 결론을 지지했는데, 바클라는 러더퍼드와는 전혀 다르게 엑스선을 사용한 실험을 통해서 같은 결론에 도달했다.

한편 이 분야와 전혀 무관한 인물이었던 네덜란드 계량경제학자 안토니위스 판덴브룩은 멘델레예프의 주기율표를 개량할 여지를 궁리하고 있었다. 1907년 그는 아직 빈칸이 많기는 해도 원소를 120개나 포함한 새 주기율표를 제안했다. 그 빈칸 중 상당수는 새롭게 발견되었지만 아직 원소로서의 지위는 확인되지 않은 물질들로 채워졌다. 이른바 토륨 에마네이션, 우라늄 X(미지의 우라늄 붕괴 생성물이었다), Gd_2(가돌리늄 붕괴 생성물이었다), 그 밖의 많은 새로운 물질들이었다.

그런데 판덴브룩의 연구에서 정말로 참신한 대목은 모든

원소들이 사실은 합성물이며 그 구성 요소는 그가 '알폰'이라고 명명한 입자, 즉 헬륨 원자의 절반에 해당하는 두 단위의 원자량을 지닌 입자라는 가설이었다. 1911년에 그는 후속 논문을 발표했다. 이 논문에서는 더이상 알폰을 언급하지 않았지만, 원소들의 원자량이 두 단위씩 차이 난다는 가설은 고수했다. 그는 런던의 〈네이처〉에 보낸 스무 줄짜리 편지에서 다음과 같이 씀으로써 원자번호 개념에 한발 더 다가갔다.

> 가능한 원소의 가짓수는 가능한 영구 전하의 가짓수에 달려 있다.

판덴브룩의 주장은 원자의 핵전하가 원자량의 절반이고 이웃한 원소들의 원자량은 두 단위씩 증가하므로 따라서 주기율표에서 원소의 위치는 핵전하에 따라 결정된다는 것이었다. 요컨대 주기율표에서 모든 원소는 각자 바로 앞 원소보다 핵전하가 하나 더 많다는 말이었다.

1913년 발표된 판덴브룩의 후속 논문은 닐스 보어의 눈길을 끌었다. 보어는 같은 해 발표한 유명한 3부작 논문, 즉 수소원자와 다전자원자들의 전자 배치를 다룬 논문에서 판덴브룩을 인용했다. 역시 같은 해 판덴브룩도 또다른 논문을 〈네이처〉에 실었는데, 이번에는 원자들의 일련번호가 전하와 관계되어 있다는 사실을 명시적으로 밝혔다. 그런데 그보다 더 중요한 점은 그가 일련번호와 원자량의 연관 관계를 끊어버렸다는 점일 것이다. 소디와 러더퍼드를 비롯하여 물리학계의 많은 전문가가 판덴브룩의 기념비적인 논문을 칭송했다. 그들 모두가 아마추어인 판덴브룩보다도 사태를 명료하게 보지 못하고 있었던 것이다.

헨리 모즐리

아마추어가 먼저 원자번호 개념에 도달함으로써 전문가들을 당혹시키긴 했지만, 이 새로운 정량적 성질을 확고하게 구축하는 임무를 완성한 사람은 판덴브룩이 아니었다. 그 일을 마무리한 사람, 그리고 거의 늘 원자번호의 발견자로 인정되는 사람은 제1차세계대전 중 스물여섯의 나이로 사망한 영국 물리학자 헨리 모즐리였다. 모즐리의 명성은 단 두 편의 논문에서 기인한다. 두 논문에서 그는 원소 정렬 기준으로서 원자번호가 원자량보다 더 낫다는 사실을 실험적으로 확증했다. 이 연구는 자연에 존재하는 원소들 가운데(즉 수소에서 우라늄까지 중에서) 아직 발견되지 않은 원소가 몇 개인지 알려준다는 점에서도 중요했다.

모즐리는 맨체스터 대학에서 러더퍼드의 제자로 물리학을 공부했다. 모즐리의 실험은 다양한 원소들의 샘플 표면에 빛을 쏜 뒤 원소가 내놓는 특징적인 엑스선의 주파수를 기록하는 것이었다. 그런 엑스선이 방출되는 것은, 원자가 빛을 받으면 안쪽 전자가 탈출하는데 그러면 바깥쪽 전자가 빈 공간을 채우려고 안으로 떨어지면서 그 과정에서 엑스선을 내기 때문이다.

모즐리는 우선 14가지 원소를 골랐다. 그중 9가지는 주기율표에서 죽 이어져 있는 타이타늄부터 아연까지였다. 그가 발견한 사실은 방출된 엑스선의 주파수와 해당 원소가 주기율표에서 차지하는 위치를 뜻하는 정수의 제곱을 양 축으로 삼아서 그래프를 그리면 직선이 그려진다는 것이었다. 이것은 '수소는 1, 헬륨은 2' 하는 식으로 원소마다 정수로 된 일련번호를 부여하여 그 순서로 나열하면 된다는 판덴브룩의 가설을 확인해주는 결과였다. 바로 그 일련번호가 후에 원자번호라고 불리게 될 것이었다.

모즐리는 두번째 논문에서 추가로 살펴본 30가지 원소에서도 이 관계를 확인함으로써 가설의 타당성을 굳혔다. 그러니 이제 누가 새 원소를 발견했다고 주장하면 모즐리는 그 주장이 옳은지 아닌지를 비교적 쉽게 판별할 수 있었다. 일례로 일본 화학자 오가와 마사타카가 주기율표에서 망가니즈 밑 빈칸을 메울 원소를 분리했다고 주장했을 때, 모즐리는 오가와의 샘플에 전자를 쏘았을 때 나오는 엑스선의 주파수를 확인함으로써 그것이 43번 원소에서 기대되는 값과는 다르다는 사실을 확인해 보였다.

그때까지 화학자들은 원자량을 기준으로 원소를 정렬했는데, 그러다보니 앞으로 발견할 원소가 정확히 몇 개 더 남았는가 하는 문제는 불확실했다. 주기율표에서 연속된 원소들의 원자량 차이가 고르지 않고 불규칙했기 때문이다. 이 골치 아픈 문제는 모즐리의 원자번호를 쓰기로 하는 순간 싹 사라졌다. 이제 연속된 원소들 사이의 간격은 완벽하게 일정했다. 모두 원자번호 한 단위 차이였다.

모즐리가 죽은 뒤, 여러 화학자와 물리학자가 그의 기법을 써서 고른 간격으로 배열된 원자번호 수열 중 43, 61, 72, 75, 85, 87, 91번에 해당하는 미발견 원소를 찾아냈다. 이 빈칸들은 맨 마지막으로 61번 원소인 프로메튬이 합성된 1945년이 되어서야 다 채워졌다.

동위원소

핵물리학의 여명기에 등장한 발견 가운데 역시 주기율표를 이해하는 데 결정적인 단계로 작용한 것은 동위원소의 발견이었다. 동위원소(isotope)라는 용어는 그리스어로 같다(iso)를 뜻하는 단어와 장소(topos)를 뜻하는 단어를 합한 말로, 원자량이 다른데도 주기율표에서 같은 장소를 차지하는 원자 종류들을 가리킨다. 동위원소의 발견은 일면 필요에 따른 일이었다. 핵물리학이 발전하면서 새롭게 발견된 원소 중에는 라듐, 폴로늄, 악티늄처럼 주기율표에서 쉽게 제자리를 찾아줄 수 있는 원소도 있었지만 그 외에도 역시 새 원소로 보이는 물질 30가지 남짓이 짧은 기간에 줄줄이 발견되었다. 이런 물질에는 토륨 에마네이션, 라듐 에마네이션, 악티늄 X, 우라늄 X, 토륨 X 하는 식으로 해당 물질의 모체로 추정되는 원소의 이름을 포함한 임시명이 붙었다. X는 미지의 원자 종류임을 뜻했는데, 대부분의 경우에는 결국 다른 원소의 동위원소인 것으로 밝혀졌다. 이를테면 우라늄 X는 후에 토륨의 동위원소로 확인되었다.

앞에서 보았듯이, 판덴브룩 같은 몇몇 주기율표 설계자들은 주기율표를 확장함으로써 이런 새 '원소'들을 다 담으려고 했다. 한편 두 스웨덴 연구자 다니엘 스트룀홀름과 테오도르 스베드베리는 이 특이하고 새로운 원자 종류들 중 일부를 한자리에 욱여넣은 주기율표를 만들었다. 가령 비활성기체인 제논 밑에 라듐 에마네이션, 악티늄 에마네이션, 토륨 에마네이션을 한데 배치했다. 이것은 꼭 동위원소를 예견한 표현이었던 것 같지만, 사실 그들은 아직 그 현상을 명료하게 인식하지 못했다.

멘델레예프가 죽은 해인 1907년, 미국 방사화학자 허버트 매코이는 "방사성 토륨과 토륨을 화학적 과정으로 분리하는 것은 절대 불가능한 일이다"라고 결론 내렸다. 결정적인 관찰이었다. 곧 이전까지 새로운 원소로 여겨졌던 다른 많은 물질 쌍에 대해서도 같은 관찰이 뒤따랐다. 이 관찰의 의미를 온전히 이해한 사람은 역시 러더퍼드의 제자였던 프레더릭 소디였다.

소디가 볼 때, 어떤 두 물질이 화학적으로 분리될 수 없다는 것은 그것들이 한 원소의 두 형태 혹은 둘 이상의 형태라는 뜻이었다. 1913년 그는 같은 원소이기 때문에 화학적으로 분리할 수 없지만 원자량이 서로 다른 원자들을 뜻하는 용어로 '동위원소'라는 말을 만들었다. 한편 러더퍼드로부터 납과 '방사성 납'을 화학적으로 분리해보라는 과제를 받았던 프리드리히 파네트와 죄르지 헤베시도 두 물질을 화학적으로 분리하기가 불가능하다는 사실을 확인했다. 그들은 20가지 다양한 화학적 접근법을 동원하여 시도했지만 끝내 참패를 인정할 수밖에 없었다. 어떤 면에서는 물론 실패였지만, 이 실험은 한 원소가, 이 경우에는 납이 화학적으로 분리할 수 없는 여러 동위원소의 형태로 존재한다는 가설을 더욱 굳히는 증거였다. 그리고 말짱 헛수고만은 아니었다. 파네트와 헤베시는 이 과정에서 분자에 방사성 표지를 붙이는 새로운 기법을 개발하게 되었고, 이런 기법은 이후 생화학이나 의학 같은 영역에서 널리 응용될 아주 유용한 하위 연구 분야의 기반이 되었다.

1914년, 동위원소 개념은 하버드 대학의 시어도어 윌리엄 리처즈의 연구로 더 큰 지지를 얻었다. 그는 한 원소의 두 동위원소에 대해서 각각의 원자량을 측정해보기로 했다. 그가 고른 대상도 납이었다. 납은 다수의 방사성 붕괴 계열에서 생성되는 원소였기 때문이다. 확인 결과, 서로 다른 경로로 서로 상당히 다른 중간 원소를 거치며 생성된 납 원자들의 원자량은 무려 0.75단위만큼 차이가 났다. 이 결과는 후에 다른 연구자들에 의해 0.85단위까지 더 넓어졌다.

마지막으로, 동위원소의 발견은 멘델레예프를 괴롭혔던 텔루륨과 아이오딘처럼 주기율표에 순서 역전 쌍이 출현하는 이유를 명쾌하게 설명해주었다. 텔루륨이 아이오딘보다 원자량이 큰데도 주기율표에서 앞에 오는 것은 우연히도 텔루륨의 모든 동위원소들의 원자량 평균이 아이오딘의 모든 동위원소들의 원자량 평균보다 더 크기 때문이었다. 따라서 원자량이란 여러 동위원소들의 상대적 양에 따라 달라지는, 말하자면 우연적인 정량적 속성이었다. 그리고 주기율표에 관한 한 원자량보다 더 근본적인 속성은 판덴브룩과 모즐리의 원자번호, 달리 말하면 훗날 밝혀지듯이 원자핵 속 양성자의 개수였다. 어느 원소의 정체성은 원자량이 아니라 원자번호에 담겨 있었다. 원자량은 그 원소가 어떤 표본에서 분리되었느나에 따라 얼마든지 달라질 수 있으니까.

텔루륨은 아이오딘보다 평균 원자량은 더 크지만 원자번호는 한 단위 작다. 원소를 정렬하는 기준으로 원자량이 아니라 원자번호를 쓰면, 텔루륨과 아이오딘은 둘 다 각자의 화학적 행동에 어울리는 족에 속하게 된다. 따라서 순서 역전은 20세기 이전의 모든 주기율표가 잘못된 정렬 기준을 채택했기 때문에 발생했던 현상에 지나지 않았다.

제 7 장

전자 구조

앞 장에서 살펴본 고전물리학의 발견들은 대체로 양자 이론을 필요로 하지 않는 내용이었다. 엑스선도 그랬고 방사능도 그랬다. 훗날 이런 현상의 특정 측면을 밝히는 데 양자 이론이 이용되긴 하지만, 양자 개념 없이도 이런 현상은 그럭저럭 연구할 수 있었다. 앞 장에서 이야기한 물리학은 또 주로 핵에서 기인하는 과정을 다루었다. 방사능은 기본적으로 핵이 쪼개지는 과정이고, 원소 변환도 핵에서 벌어지는 현상이다. 원자번호는 핵의 속성이고, 동위원소는 한 원소에서 질량이 서로 다른 원자들을 말하는데 그 질량이란 거의 전적으로 핵의 질량이다.

이와 달리 이번 장에서는 핵이 아니라 전자에 관한 발견들을 살펴볼 텐데, 이 분야를 연구할 때는 처음부터 반드시 양자 이론이 사용되어야 했다. 하지만 먼저 양자 이론 자체의 기원을 알아보고 넘어가자. 양자 이론은 20세기에 들어설 무렵 독일에서 시작되었다. 그곳 물리학자들은 사방이 까만 벽으로 둘러싸인 작은 공동(空洞)에서 복사가 어떻게 일어나는지 이해하려고 애쓰고 있었다. 과학자들은 '흑체 복사'라고 불리는 그 현상의 복사 스펙트럼을 여러 온도에서 자세히 기록한 뒤 그 결과로 얻은 그래프를 설명할 수학 모형을 구축하려고 했다. 이 문제는 상당히 오랫동안 풀리지 않았는데, 그러던 중 1900년 막스 플랑크가 이 복사 에너지는 이산적인 덩어리, 즉 '양자'로 구성된다는 대담한 가정을 제기함으로써 문제를 풀었다. 그러나 막상 플랑크 자신은 스스로 제안한 양자 이론의 의미를 흔쾌히 받아들이기를 주저했고, 그저 남들이 그 이론을 새롭게 응용하도록 내버려두었다.

양자 이론은 에너지가 이산적인 꾸러미로만 존재하며 기본 양자 에너지의 정수배만 가능할 뿐 그 사이의 값은 취할 수 없다고 선언했다. 그리고 1905년 이 이론을 적용하여 광전효과를 멋지게 설명해낸 사람은 다름 아닌 20세기 최고의 물리학자 알베르트 아인슈타인이었다. 아인슈타인은 빛을 양자화된 것으로, 달리 말해 입자화된 것으로 간주해도 좋다고 결론지었다. 그럼에도 불구하고 아인슈타인은 곧 양자역학을 불충분한 이론으로 보기 시작했고, 평생 양자역학에 비판적 태도를 견지했다.

1913년 덴마크 물리학자 닐스 보어는 양자 이론을 수소 원자에 적용했다. 러더퍼드처럼 보어도 수소 원자는 중심에 핵이 있고 전자 하나가 그 주변을 도는 구조라고 생각했는데, 이때 전자가 취할 수 있는 에너지는 이산적인 특정 값들에만 국한된다고 가정했다. 시각적으로 표현하자면 전자가 핵을 둘러싼 특정 껍질 혹은 궤도에만 존재할 수 있다는 것이었다. 이 모형은 수소 원자의 행동에서, 더 나아가 사실 모든 원소의 원자에서 드러나는 두어 가지 속성을 어느 정도 설명해주었다. 첫째로 이 모형은 수소 원자에 전기 에너지를 가했을 때 수소로부터 방출되는 에너지가 비교적 일정한 몇몇 주파수로만 나타나서 불연속 스펙트럼을 이루는 현상을 설명해주었다. 이 현상에 대한 보어의 가설은 전자가 한 허용된 에너지 준위로부터 다른 허용된 에너지 준위로 이행하기 때문에 그렇다는 것이었다. 전자가 정말 그렇게 이동한다면, 이 과정에서는 두 에너지 준위의 에너지 차이에 해당하는 특정 크기의 에너지만이 방출되거나 흡수될 수 있었다.

둘째로, 설명이 약간 부족하기는 했지만, 이 모형은 왜 전자가 에너지를 모두 잃고 핵으로 떨어지는 현상이 발생하지 않는가 하는 의문도 어느 정도 설명해주었다. 과학자들이 원운동을 하는 하전입자에 고전역학을 적용해보면 그런 미래가 예측되었는데도 말이다. 이에 대해 보어는 전자가 고정된 궤도에 머무르는 동안에는 에너지를 잃지 않는다고 간단히 가정해버렸다. 그는 또 전자가 취할 수 있는 에너지 준위에는 최저값이 있기 때문에 전자가 그보다 더 낮은 에너지로 이동할 수는 없다고 가정했다.

이후 보어는 수소만이 아니라 다전자원자들까지 모두 설명할 수 있도록 모형을 일반화했다. 또 원자 내에서 전자들이 배열되는 방식도 알아보기 시작했다. 단전자 모형에서 다전자 모형으로 도약하는 것이 이론적으로 타당한지에는 의문이 있었지만, 보어는 거기에 아랑곳하지 않고 나아갔다. 그가 생각했던 전자 배치는 그림 23에 나와 있다.

그러나 보어는 어떤 수학적 근거에 따라 전자들을 배정한 것은 아니었다. 양자 이론으로부터 명시적인 도움을 받은 것도 아니었다. 대신 그는 화학적 증거에 의지했다. 이를테면 붕소 원자는 화학결합을 세 개까지 할 수 있고 같은 족의 다른 원소들도 그렇다는 사실에 근거하여, 그러기 위해서는 붕소 원자의 최외각전자가 세 개여야 한다는 결론을 끌어내는 식이었다. 이렇게 기본적이고 비연역적인 이론만을 썼음에도 불구하고 보어는 왜 리튬, 나트륨, 칼륨 등이 주기율표에서 같은 족에 속하는가, 나아가 왜 모든 원소가 주기율표에서 특정 족

1	H	1				
2	He	2				
3	Li	2	1			
4	Be	2	2			
5	B	2	3			
6	C	2	4			
7	N	4	3			
8	O	4	2	2		
9	F	4	4	1		
10	Ne	8	2			
11	Na	8	2	1		
12	Mg	8	2	2		
13	Al	8	2	3		
14	Si	8	2	4		
15	P	8	4	3		
16	S	8	4	2	2	
17	Cl	8	4	4	1	
18	Ar	8	8	2		
19	K	8	8	2	1	
20	Ca	8	8	2	2	
21	Sc	8	8	2	3	
22	Ti	8	8	2	4	
23	V	8	8	4	3	
24	Cr	8	8	2	2	2

23. 보어가 1913년에 처음 제안했던 원자들의 전자 배치도.

에 속하는가 하는 문제에 대하여 처음으로 전자에 기반한 성공적인 설명을 제공했다. 리튬, 나트륨, 칼륨의 경우에는 그 원자들의 최외각 껍질에 나머지 전자들과는 동떨어진 전자가 딱 하나 들어 있기 때문이라는 것이었다.

보어의 이론에는 한계도 있었다. 그중 하나는 이 모형이 수소 같은 단전자원자나 He^{+}, Li^{2+}, Be^{3+}과 같은 단전자 이온에만 엄밀하게 적용된다는 점이었다. 게다가 이런 '수소꼴' 스펙트럼에서도 일부 스펙트럼선이 예상과는 달리 쌍으로 갈라진다는 관찰 결과도 등장했다. 그래서 독일의 아르놀트 조머펠트는 원자핵이 원의 한가운데에 놓여 있는 것이 아니라 타원의 한 초점에 놓여 있는지도 모른다고 주장했다. 조머펠트의 계산에 따르면, 보어의 모형에서 주 전자껍질 내부에 부껍질을 도입할 필요가 있었다. 보어의 모형에서는 하나의 양자수가 하나의 껍질 혹은 궤도를 규정했던 데 비해, 조머펠트가 수정한 모형에서는 두 개의 양자수를 동원해야만 전자의 타원 경로를 규정할 수 있었다. 보어는 새로 도입된 양자수를 받아들여 1923년에 보다 상세한 전자배치도를 작성했다. 그림 24가 그것이다.

몇 년 뒤 영국 물리학자 에드먼드 스토너는 수소를 비롯한 여러 원자들의 스펙트럼에 드러나는 세부 사항을 설명하기 위해서는 세번째 양자수가 필요하다는 사실을 발견했다. 이어

H	1				
He	2				
Li	2	1			
Be	2	2			
B	2	3			
C	2	4			
N	2	4	1		
O	2	4	2		
F	2	4	3		
Ne	2	4	4		
Na	2	4	4	1	
Mg	2	4	4	2	
Al	2	4	4	2	1
Si	2	4	4	4	
P	2	4	4	4	1
S	2	4	4	4	2
Cl	2	4	4	4	3
Ar	2	4	4	4	4

24. 보어가 1923년에 두 가지 양자수를 사용하여 작성한 전자 배치도.

서 1924년에는 오스트리아 출신 이론물리학자 볼프강 파울리가 네번째 양자수의 필요성을 발견했다. 네번째 양자수는 모든 전자가 고유의 각운동량(角運動量)을 지니며 그 값은 둘 중 하나만 가능하다는 개념으로 설명되었다. 전자의 이 새로운 운동량은 결국 '스핀'이라고 불리게 되었는데, 그렇다고 해서 꼭 지구가 태양을 공전하는 동시에 자전도 하는 것처럼 전자가 말 그대로 자전한다는 뜻은 아니었다.

네 양자수는 내포 관계로 서로 이어져 있다. 달리 말해 세번째 양자수는 두번째 양자수가 얼마인지에 달려 있고, 두번째 양자수는 첫번째 양자수가 얼마인지에 달려 있다. 다만 파울리의 네번째 양자수만은 좀 다르다. 다른 세 양자수의 값과는 무관하게 무조건 $+\frac{1}{2}$이나 $-\frac{1}{2}$ 중 하나를 취하기 때문이다. 네번째 양자수가 특히 중요한 것은 이 양자수가 도입됨으로써 왜 전자껍질들이 각각 정해진 개수의 전자만을 품을 수 있는가(핵에서 가까운 껍질부터 시작해서 2, 8, 18, 32개… 하는 식으로 나아간다) 하는 문제를 설명할 수 있었기 때문이다.

왜 그런지 살펴보자. 첫번째 양자수 n은 1부터 시작되는 정수값을 취한다. 두번째 양자수는 ℓ로 표기하고, n 값에 따라서 달라지는 다음 값들을 취한다.

$$\ell = n - 1, \cdots 0$$

가령 n = 3이라면, ℓ은 2, 1, 0 중에서 하나를 취할 수 있다. 세번째 양자수는 m_ℓ로 표기하며, 두번째 양자수 값에 따라서 다음 값들을 취한다.

$$m_\ell = -\ell, -(\ell-1), \ldots 0 \ldots (\ell-1), \ell$$

가령 ℓ = 2라면, m_ℓ이 취할 수 있는 값들은 다음과 같다.

$$-2, -1, 0, +1, +2$$

마지막으로 네번째 양자수는 m_s로 표기하며, 앞에서 말했듯이 $+\frac{1}{2}$ 혹은 $-\frac{1}{2}$ 단위의 스핀 각운동량 중 하나를 취한다. 따라서 서로 연관된 네 양자수는 위계 구조를 이루는데, 우리는 이 구조를 이용하여 어느 원자 속 특정 전자의 상태를 규정할 수 있다(그림 25).

이 체계를 따르면, 가령 세번째 껍질에 왜 총 18개의 전자가 들어갈 수 있는지가 명확해진다. 껍질 번호에 해당하는 첫번째 양자수가 3이라면, $2 \times (3)^2$에 따라 세번째 껍질에는 총 18개의 전자가 들어갈 것이다. 일단 두번째 양자수 ℓ은 2, 1, 0을 취할 수 있다. ℓ이 이 중 어느 값을 취하느냐에 따라 m_ℓ이 취할 수 있는 값의 개수가 결정된다. 마지막으로 그렇게 결정

n	ℓ이 취할 수 있는 값	부껍질 이름	m_ℓ이 취할 수 있는 값	부껍질	각 껍질 속 전자 개수
1	0	1s	0	1	2
2	0	2s	0	1	
	1	2p	1, 0, -1	3	8
3	0	3s	0	1	
	1	3p	1, 0, -1	3	
	2	3d	2, 1, 0, -1, -2	5	18
4	0	4s	0	1	
	1	4p	1, 0, -1	3	
	2	4d	2, 1, 0, -1, -2	5	
	3	4f	3, 2, 1, 0, -1, -2, -3	7	32

25. 네 가지 양자수를 조합하여 각 껍질에 들어가는 총 전자 개수를 설명하는 방법.

된 개수에 다시 2를 곱해야 하는데, 네번째 양자수가 $\frac{1}{2}$ 혹은 $-\frac{1}{2}$ 중 하나를 취할 수 있기 때문이다.

하지만 우리가 세번째 껍질에 전자가 18개 들어간다는 사실을 계산할 수 있다고 해서 주기율표의 일부 주기들이 18개 칸으로 구성된 이유까지 엄밀히 설명해낼 수 있는 것은 아니다. 만일 전자들이 순서를 엄격하게 지켜서 전자껍질을 채운다면야 그것이 엄밀한 설명이 되겠지만, 실제 전자들은 그렇지 않다. 전자껍질은 처음에는 순서대로 차례차례 채워지지만 19번 원소인 칼륨부터는 다르다. 전자들은 맨 먼저 1s 오비탈부터 채운다. 전자 두 개를 담을 수 있는 1s 오비탈이 다 채워지면 역시 전자 두 개를 담을 수 있는 2s로 넘어가고, 그다음은 전자 여섯 개를 담을 수 있는 2p 오비탈로 넘어간다. 이 과정은 18번 원소인 아르곤까지는 예측 가능한 방식으로 죽 진행되어, 아르곤의 전자 배치는 다음과 같다.

$$1s^2, 2s^2, 2p^6, 3s^2, 3p^6$$

따라서 우리는 그다음 19번 원소인 칼륨의 전자 배치는 다음과 같을 것이라고 예상하게 된다.

$$1s^2, 2s^2, 2p^6, 3s^2, 3p^6, 3d^1$$

마지막 전자가 그다음 부껍질인 3d에 들어간 배치인데, 우리가 이렇게 예상하게 되는 것은 여기까지는 전자가 추가되며 오비탈이 바뀔 때마다 핵으로부터 거리가 더 먼 바로 다음 오비탈을 채운다는 원칙이 지켜졌기 때문이다. 하지만 경험적 증거에 따르면 칼륨의 실제 전자 배치는 다음과 같다.

$$1s^2, 2s^2, 2p^6, 3s^2, 3p^6, 4s^1$$

20번 원소인 칼슘도 마찬가지로 새 전자가 4s 오비탈에 들어간다. 그러나 그다음 원소인 21번 스칸듐의 전자 배치는 다음과 같다.

$$1s^2, 2s^2, 2p^6, 3s^2, 3p^6, 3d^1, 4s^2$$

이처럼 전자들이 활용 가능한 오비탈을 앞뒤로 왔다갔다하면서 채우는 현상은 이후에도 여러 차례 나타난다. 전자가 채워지는 순서는 아래의 그림 26에 요약되어 있다.

이런 순서로 전자가 채워지다보니, 주기율표의 각 주기에 포함된 원소의 개수는 2, 8, 8, 18, 18, 32개…로 진행된다. 첫 번째 주기를 제외하고는 배가하는 패턴, 즉 같은 개수가 두 번씩 반복되는 패턴이다.

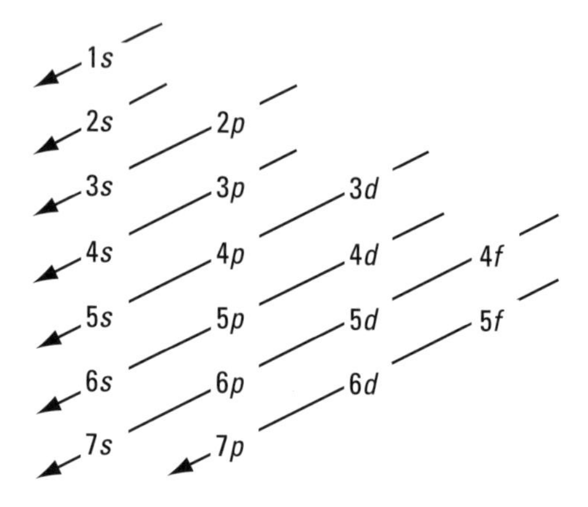

26. 원자 껍질에 전자가 채워지는 순서. 위에서 아래로 대각선 화살표를 따라 진행한다.

우리는 네 가지 양자수를 조합하는 규칙을 근거로 어느 지점에서 껍질이 닫히는지를 엄밀하게 설명할 수 있지만, 어느 지점에서 주기가 닫히는지는 엄밀하게 설명할 수 없다. 그래도 전자가 왜 이 순서대로 채워지는가를 합리화하는 해석이 몇 있기는 한데, 다만 스스로 설명하고자 하는 사실에 도리어 의존하는 면이 있는 해석들이다. 예를 들어 우리가 원자번호 2, 10, 18, 36, 54… 자리에서 비활성기체가 등장한다는 사실을 아니까 주기가 어디에서 끝나는지도 알 수 있다는 식이다. 우리는 또 오비탈을 어떤 순서로 채워야 하는가 하는 규칙도 알지만, 이 규칙은 관찰에서 나왔을 뿐 이론으로부터 유도된 것은 아니다. 대부분의 교과서들이 알려주지 않는 결론이지만, 양자물리학은 사실 주기율표를 부분적으로만 설명해준다. 우리가 오비탈에 전자를 채울 때 쓰는 순서를 양자역학 원칙들로부터 유도해내는 작업에 성공한 사람은 아직 없기 때문이다. 물론 이것은 앞으로도 유도가 불가능하다는 말은 아니고, 전자가 채워지는 순서는 본질상 양자물리학으로 환원되지 않는 현상이라는 말도 아니다.

화학자들과 전자 배치

1897년 J. J. 톰슨의 전자 발견은 물리학에서 완전히 새로운 방면의 실험이 가능하도록 만들었을 뿐 아니라 갖가지 새로운 설명도 등장하도록 만들었다. 톰슨은 또 원자 내에서 전자가 배치된 형태를 처음 논의한 연구자들 중 하나였다. 다만 그의 이론은 그다지 성공적이지 못했는데, 아직 특정 원자에 전자가 몇 개 들어 있는지조차 제대로 알려지지 않은 시점이었기 때문이다. 앞에서 보았듯이, 이 분야에서 처음으로 의미 있는 이론을 낸 사람은 보어였다. 보어는 또 에너지 양자화 개념을 원자의 영역에 도입하여 전자 배치를 설명하는 데 적용한 사람이기도 했다. 그럼으로써 보어는 당시 알려진 원자들 중 많은 수에 대해서 전자 배치를 발표할 수 있었지만, 그것은 다른 연구자들이 오랫동안 축적해온 원소들의 화학적 성질과 스펙트럼 정보를 참고한 뒤에야 가능한 작업이었다.

그런데 이 시절에 화학자들은 무엇을 했을까? 보어를 비롯한 양자물리학자들이 전자를 활용하려고 했던 것처럼 화학자들도 비슷한 시도를 했을까? 이 문제를 조사하려면, 전자가 발견된 직후였던 1902년으로 거슬러올라가야 한다. 당시 필리핀에서 일하던 미국 화학자 길버트 N. 루이스는 그림 27을 스케치했다. 이 스케치는 원본이 아직 보존되어 있다. 이 그림에서 루이스는 전자가 정육면체꼴 원자의 꼭짓점에 위치한다고 가정했고, 주기율표에서 그다음 원소로 넘어갈 때 추가되는 전자는 역시 그다음 꼭짓점에 덧붙는다고 가정했다. 요즘

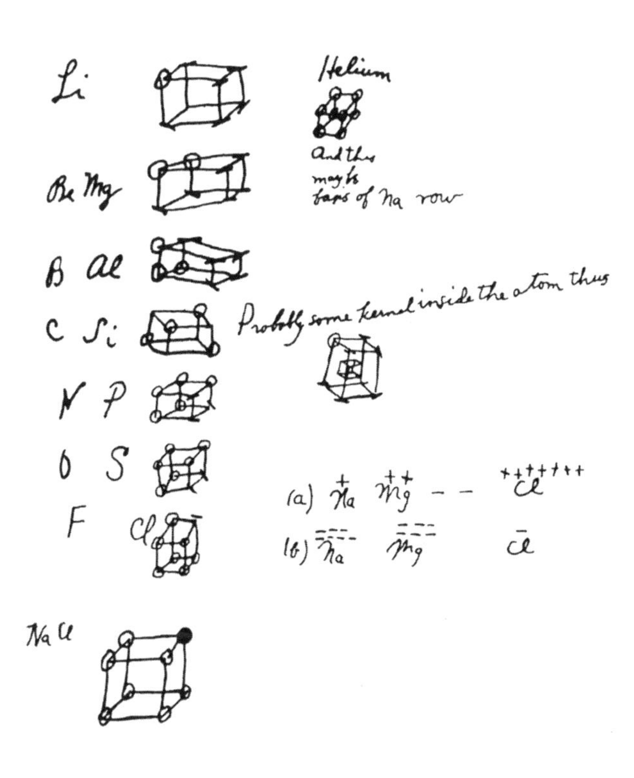

27. 루이스가 그린 정육면체 원자들.

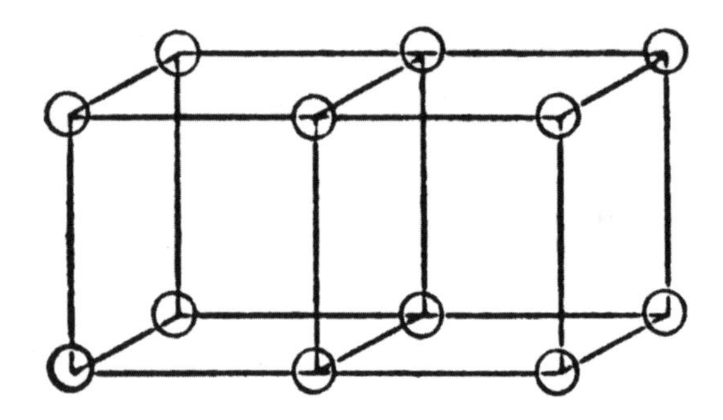

28. 루이스가 그린 두 원자의 이중결합.

우리는 전자가 핵 주변을 둥글게 돈다는 사실을 알기 때문에, 오늘날의 시각으로 보면 루이스가 정육면체를 선택한 점이 좀 희한하게 느껴질 수도 있다. 하지만 루이스의 모형은 주기율표와 관련된 한 가지 중요한 측면에서 충분히 일리가 있다. 주기율표에서 비슷한 성질이 반복되어 등장하는 간격이 원소 여덟 개 간격이라는 점이다.

따라서 루이스는 화학적 주기성과 개별 원자들의 성질은 원자핵을 둘러싼 전자 정육면체에서 제일 바깥에 있는 전자의 수에 따라 결정된다고 말한 셈이었다. 그의 모형에서 틀린 점은 전자들이 움직이지 않고 가만히 있는다고 가정한 것뿐, 정육면체를 선택한 것은 화학적 주기성이 원소 여덟 개 간격을 취한다는 점을 고려할 때 자연스럽고도 기발한 결정이었다.

지금은 유명해진 예의 스케치에서 루이스는 또 나트륨과 염소 원자가 어떻게 화합물을 이루는가를 설명한 그림도 그렸다. 나트륨 원자가 염소 원자에 전자 하나를 전달하여 염소의 최외각 정육면체에서 유일하게 비어 있던 여덟번째 전자의 자리를 채운다는 그림이었다. 루이스는 이후 14년이나 기다렸다가 이 이론을 발표했는데, 이때 이론을 확장하여 또다른 형태의 화학결합인 공유결합, 즉 원자들이 전자를 주고받는 게 아니라 함께 공유하는 형태의 결합도 포함시켰다.

루이스는 여러 알려진 화합물들에서 원자들의 최외각 전자

1	2	3	4	5	6	7
H						
Li	Be	B	C	N	O	F
Na	Mg	Al	Si	P	S	Cl
K	Ca	Sc		As	Se	Br
Rb	Sr			Sb	Te	I
Cs	Ba			Bi		

29. 루이스가 29개 원소에 부여한 최외각 전자 개수. 맨 위 숫자는 각 원자의 핵심에 있는 양전하 개수이자 최외각 껍질에 있는 전자의 개수를 뜻한다(저자가 취합하여 작성했다).

개수를 헤아림으로써 대개의 경우에 전자가 짝수로 존재한다는 결론에 도달했다. 이 사실로부터 화학결합이란 전자가 쌍을 이룸으로써 발생하는 현상일지도 모른다는 가설을 세웠는데, 이 생각은 화학결합이 양자역학으로 설명되는 오늘날까지도 본질적으로 옳은 생각으로 남아 있다.

두 원자가 전자를 공유하는 현상을 표현하기 위해서, 루이스는 두 정육면체가 하나의 모서리를 공유함으로써 그 꼭짓점에 있는 두 전자를 공유하는 그림을 그렸다. 이중결합은 두 정육면체가 하나의 면을 공유함으로써 네 전자를 공유하는 모습으로 표현되었다(그림 28). 그러나 그다음이 문제였다. 무기화학에서는 화학식 C_2H_2의 아세틸렌처럼 삼중결합을 지닌 화합물도 더러 있다는 사실이 알려져 있었다. 루이스는 정육면체의 꼭짓점에 전자를 배치한 모형으로는 삼중결합을 표현할 수 없음을 깨달았다. 그래서 같은 논문에서 새로운 모형으로 바꾸었는데, 정육면체가 아니라 정사면체의 꼭짓점마다 전자가 한 쌍씩 위치하여 총 네 쌍의 전자가 포함되는 모형이었다. 그렇다면 삼중결합은 두 정사면체가 하나의 면을 공유하는 모습으로 표현할 수 있었다.

역시 같은 논문에서 루이스는 원자들의 전자 배치 문제도 다루었다. 예전에 작성했던 표를 확장하여, 그림 29처럼 총 29개 원소를 포함한 전자 배치 표를 선보였다. 다른 화학자 이야기로 넘어가기 전에 마지막으로 짚고 싶은 점은 길버트 N. 루이스가 아마 노벨상을 받지 못한 20세기 화학자 중 가장 주목할 만한 사람이었으리라는 점이다. 그는 자신의 실험실에서 시안화수소 중독으로 때 이르게 사망했는데, 노벨상은 죽은 사람에게는 주어지지 않는다는 점이 그가 노벨상을 받지 못한 하나의 이유였을 것이다. 그러나 그 못지않게 중요했음 직한 또다른 요인은 그가 학계에서 적을 너무 많이 만들었다는 점, 그래서 그러지 않았다면 그를 후보로 추천했을지도 모르는 동료들로부터 호감을 사지 못했다는 점이다.

루이스의 발상을 확장하고 대중화한 사람은 미국의 공업화학자 어빙 랭뮤어였다. 루이스는 29개 원소에 대해서만 전자 배치를 결정했는데, 랭뮤어는 그 작업을 완성하기로 했다. 루이스가 전이금속 원소들은 다루기를 꺼렸던 것과는 달리 랭뮤어는 1919년 논문에서 아래 표를 제안했다.

Sc	Ti	V	Cr	Mn	Fe	Co	Ni	Cu	Zn
3	4	5	6	7	8	9	10	11	12

앞선 루이스와 마찬가지로, 랭뮤어는 이 전자 배치를 정할 때 원소들의 화학적 성질을 길잡이로 삼았을 뿐 양자 이론의 주장은 활용하지 않았다(그림 30). 보어 같은 물리학자들이 해

TABLE I.

Classification of the Elements According to the Arrangement of Their Electrons.

Layer.	N	$E = 0$	1	2	3	4	5	6	7	8	9	10
I			H	He								
IIa	2	He	Li	Be	B	C	N	O	F	Ne		
IIb	10	Ne	Na	Mg	Al	Si	P	S	Cl	A		
IIIa	18	A	K	Ca	Sc	Ti	V	Cr	Mn	Fe	Co	Ni
			11	12	13	14	15	16	17	18		
IIIa	28	Niβ	Cu	Zn	Ga	Ge	As	Se	Br	Kr		
IIIb	36	Kr	Rb	Sr	Y	Zr	Cb	Mo	43	Ru	Rh	Pd
			11	12	13	14	15	16	17	18		
IIIb	46	Pdβ	Ag	Cd	In	Sn	Sb	Te	I	Xe		
IVa	54	Xe	Cs	Ba	La	Ce	Pr	Nd	61	Sa	Eu	Gd
			11	12	13	14	15	16	17	18		
IVa			Tb	Ho	Dy	Er	Tm	Tm_2	Yb	Lu		
		14	15	16	17	18	19	20	21	22	23	24
IVa	68	Erβ	Tmβ	$Tm_2\beta$	Ybβ	Luβ	Ta	W	75	Os	Ir	Pt
			25	26	27	28	29	30	31	32		
IVa	78	Ptβ	Au	Hg	Tl	Pb	Bi	RaF	85	Nt		
IVb	86	Nt	87	Ra	Ac	Th	Ux_2	U				

30. 랭뮤어의 주기율표.

답을 찾고 있던 전자 배치를 이 화학자들이 개선할 수 있었다는 점은 어쩌면 크게 놀랄 일이 아닐 것이다.

1921년, 애버리스트위스의 웨일스 대학에서 일하던 영국 화학자 찰스 베리가 루이스와 랭뮤어의 이론에 함축되어 있는 한 가지 가정에 이의를 제기했다. 이 장 앞부분에서 설명했던 내용인데, 주기율표에서 원소를 차례차례 짚어갈 때 새로 추가되는 전자들이 전자 껍질을 늘 순서대로 채울 것이라는 가정이었다. 베리는 자신이 손질한 전자 배치가 알려진 화학적 사실들에 더 잘 들어맞는다고 주장했다.

> 맨 바깥 층에 들어갈 수 있는 전자의 최대 개수는 여덟 개이므로, 칼륨과 칼슘과 스칸듐은 세번째 층이 다 채워지지 않은 상태라도 네번째 층을 형성할 것이다. 따라서 이 원소들의 전자 구조는 2, 8, 8, 1과 2, 8, 8, 2와 2, 8, 8, 3일 것이다.

베리는 또 안정된 듯 보이는 안쪽의 전자 8개 묶음이 전자 18개 묶음으로 바뀔 수 있고 마찬가지로 전자 18개 묶음은 전자 32개 묶음으로 바뀔 수 있다고 주장한 점에서 루이스와 랭뮤어와 달랐다. 베리의 생각은 장주기형 주기율표와 확장형 주기율표의 등장을 알리는 초기의 신호였다.

결론적으로, 주기율표의 바탕에 깔린 원리를 이해하려는 시도에서 더 큰 추진력을 보인 것은 물리학자들이었지만 그 시절 화학자들도 전자 배치 같은 새로운 물리학적 개념을 여러 영역에서 효과적으로 활용할 줄 알았다.

제 8 장

양자역학

앞 장에서 우리는 초기 양자 이론이, 특히 보어의 이론이 주기율표를 설명하는 데 어떤 영향을 미쳤는지 살펴보았다. 이 설명은 네번째 양자수를 도입하고 자신의 이름을 딴 배타 원리를 도입한 파울리의 작업으로 절정을 이루었다. 그 덕분에 이제 과학자들은 왜 원자의 각 껍질에 특정 개수의 전자가 들어가는지를(첫번째 껍질에는 두 개, 두번째 껍질에는 여덟 개, 세번째 껍질에는 열여덟 개 하는 식으로 들어가는지를) 설명할 수 있었다. 이 껍질들 속에서 오비탈이 채워지는 순서를 정확하게 따른다면, 이제 왜 주기율표에서 주기의 길이가 2, 8, 8, 18, 18…인지를 설명할 수 있었다. 하지만 주기율표에 대한 설명이 의미가 있으려면, 오비탈이 채워지는 순서를 관찰한 결과를 사실로 가정하지 **않고** 기본 원리들로부터 이 수열을 유도할 수 있어야 한다.

따라서 보어의 양자 이론은 파울리의 기여로 보강된 형태라고 해도 결국 더 진전된 이론으로 나아가는 징검돌일 뿐이었다. 보어-파울리 이론을 1925~1926년에 발전하기 시작한 양자역학과 구별하기 위해서 보통 양자 이론이라고 부른다. 가끔 옛 양자 이론이라고 부를 때도 있다. 여기에 '이론'이라는 단어가 붙은 것은 약간 아쉬운 일이다. 이론이란 다소 모호한 것이며 진정한 과학 법칙이나 보다 견고한 지식으로 나아가는 과정일 뿐이라는 세간의 오해를 강화하기 때문이다.

그러나 과학에서 이론은 비록 완벽하게 증명되지는 않았더라도 대단히 많은 증거로 뒷받침된 한 무리의 지식을 뜻한다. 굳이 따지자면 과학 법칙보다 더 높은 위치다. 하나의 고차원적인 '이론' 안에 여러 개의 법칙들이 포함되어 있곤 하니까 말이다. 따라서 보어의 옛 양자 이론을 뒤이은 양자역학도, 물론 더 일반적이고 성공적이기는 했으나, 역시 '이론'이라는 점에서는 보어의 이론과 다를 바 없었다.

보어의 옛 양자 이론은 화학결합을 설명하지 못한다는 점을 비롯하여 여러 결점이 있었다. 그 상황은 양자역학이 등장하면서 완전히 바뀌었다. 그제야 과학자들은 화학결합이란 한 분자 내 둘 이상의 원자가 그저 전자를 공유하는 것이라고 보았던 길버트 N. 루이스의 가설을 뛰어넘을 수 있었다. 양자역학은 전자를 입자인 동시에 파동이라고 본다. 오스트리아 물리학자 에어빈 슈뢰딩거는 원자핵 주변을 도는 전자들의 움직임에 대해 파동 방정식을 작성함으로써 결정적인 진전을 이루었다. 슈뢰딩거의 방정식에는 해(解)가 여러 개 있는데, 그 해들은 원자 속 전자가 취할 수 있는 양자 상태들을 뜻한다. 얼마 뒤, 두 물리학자 프리드리히 훈트와 로버트 멀리컨이 각자 독자적으로 분자 오비탈 이론을 발전시켰다. 이 이론에서 화학결합은 분자 속 원자들이 갖고 있는 전자들의 파동이 서로 보강간섭과 상쇄간섭을 일으키는 현상으로서 설명되었다.

그러나 우선 원자와 주기율표 이야기로 돌아가자. 보어의 이론을 쓸 경우, 과학자들이 에너지 준위를 계산할 수 있는 대상은 전자가 딱 하나인 원자들뿐이었다. 수소 원자가 그런 경우이고, He^{+1}, Li^{+2}, Be^{+3} 등 전자가 하나뿐인 이온들도 그런 경우다. 보어의 옛 양자 이론은 전자가 둘 이상인 다전자원자에 대해서는 무력했다. 반면 새로운 양자역학을 쓰면 다전자원자를 다룰 수 있었는데, 다만 정확한 결과를 얻을 수는 없고 근사값만 얻을 수 있었다. 이것은 수학적 한계 때문이다. 전자가 둘 이상인 계는 이른바 '다체(多體) 문제' 상황에 해당하고 다체 문제의 해는 늘 근사적으로만 구해지기 때문이다.

그래서 이제 과학자들은 모든 다전자원자에 대하여 그 양자 상태들의 에너지를 기본 원리로부터 계산해낼 수 있고, 그 값은 비록 근사값이지만 관찰된 에너지 값과 아주 잘 들어맞는다. 그럼에도 불구하고 주기율표의 전반적인 특징들 중 몇 가지는 아직 기본 원리로부터 유도되지 못했는데, 앞에서 말했던 오비탈 채우기 순서가 좋은 예다.

앞 장에서 보았듯이, 어떤 원자에서든 그 부껍질과 껍질을 이루는 오비탈들에 전자가 채워질 때는 첫 두 양자수의 합이 커지는 순서대로 채워진다. 이 규칙을 $n + \ell$ 규칙 혹은 마델룽 규칙이라고 부른다. 1s 오비탈의 값 1에서 시작하여 $n + \ell$ 값이 차츰 커지는 순서대로 오비탈이 채워진다는 규칙이다.

맨 먼저 1s 오비탈에서 시작되는 대각선 화살표를 따라가다가 그다음에는 바로 옆 대각선으로 넘어가는 식으로 오비탈을 채우면, 다음과 같은 순서가 된다(그림 26).

1s < 2s < 2p < 3s < 3p < 4s < 3d < 4p < 5s …

양자역학은 그동안 눈부신 성공을 잔뜩 거두었지만, 이 $n + \ell$ 값 순서를 순수하게 이론적으로만 유도하는 일에는 아직 성공하지 못했다. 그렇다고 해서 이 이론의 진정코 놀라운 성취가 조금이라도 초라해지는 것은 아니고, 그저 아직까지 설명할 문제가 더 남아 있을 따름이다. 어쩌면 언젠가 양자물리학

31. 닐스 보어.

자가 마델룽 규칙을 유도하는 데 성공할지도 모르고, 또 어쩌면 이보다 더 강력한 이론이 나와야만 가능할지도 모른다. 나는 화학 현상에는 양자물리학으로 환원될 수 없는 어떤 본질적이고 '기이한' 속성이 있다고 말하려는 것이 아니다. 그저 양자물리학이 주기율표를 설명하는 데 있어서 지금까지 이룬 성취가 어느 정도인지를 정확히 말하려는 것뿐이다.

아무튼 양자역학이 화학적 주기성 해설에 얼마나 기여했는가 하는 문제로 돌아가자. 앞에서 말했듯이, 이론가들은 주기율표의 어느 원자에 대해서든 실험 정보가 전혀 없더라도 슈뢰딩거 방정식을 작성하고 풀 수 있다. 예를 들어 설명하면, 물리학자들과 이론화학자들은 주기율표의 모든 원자들에 대해서 이온화 에너지를 계산해냈다. 게다가 그 계산값은 실제 실험에서 관찰된 값과 정말 놀라운 수준으로 일치한다(그림 32).

그런데 우연히도 이 이온화 에너지는 원자의 여러 속성 중에서도 주기성이 유달리 두드러지는 속성이다. 원자번호 Z = 1인 수소에서 그다음 원소인 헬륨으로 넘어가면, 이온화 에너지가 증가한다. 그러나 Z = 3인 리튬으로 넘어가면, 갑자기 뚝 떨어진다. 이온화 에너지는 이후 다시 증가하기 시작하는데, 헬륨과 화학적으로 비슷한 원소인 다음번 비활성기체, 즉 네온에 도달할 때까지 대체로 계속 증가한다. 그리고 이처럼 한 주기 속에서 이온화 에너지가 차츰 증가하는 패턴이 모든 주기에서 반복된다. 어느 주기에서든 그 주기에서 이온화 에너지가 제일 작은 원소는 리튬, 나트륨, 칼륨 같은 1족 원소이고, 이온화 에너지가 제일 큰 원소는 헬륨, 네온, 아르곤, 크립톤, 제논 같은 비활성기체다. 그림 32에는 이론적으로 계산한 값들을 이은 선도 그려져 있다.

결론적으로, 양자역학은 아직 오비탈이 채워지는 순서(n + ℓ 규칙)에 대한 방정식을 보편적으로 유도하지는 못했지만 그래도 모든 원소들에 대해서 그 원자들이 드러내는 주기성을 훌륭하게 설명하기는 한다. 비록 그 설명이 모든 원자들에 보편적으로 적용되는 해법으로 얻어낸 것이 아니라 한 번에 원자 하나씩 따로따로 계산한 결과이기는 해도. 그런데 양자역학은 보어의 옛 양자 이론이 해내지 못한 이 일을 어떻게 해냈을까?

이 질문에 답하려면, 두 이론의 차이를 좀더 자세히 알아야 한다. 그리고 그 이야기는 파동의 성질을 짧게 살펴보는 데서 시작하는 것이 좋겠다. 물리학이 다루는 현상들은 파동의 형태로 나타날 때가 많다. 빛은 광파로 퍼지고, 소리는 음파로 퍼진다. 우리가 연못에 돌멩이를 던지면, 돌멩이가 물에 빠진 지점으로부터 바깥을 향해 파문, 즉 물결파가 잇달아 퍼져나간다. 이 세 종류의 파동을 비롯하여 모든 종류의 파동에서는

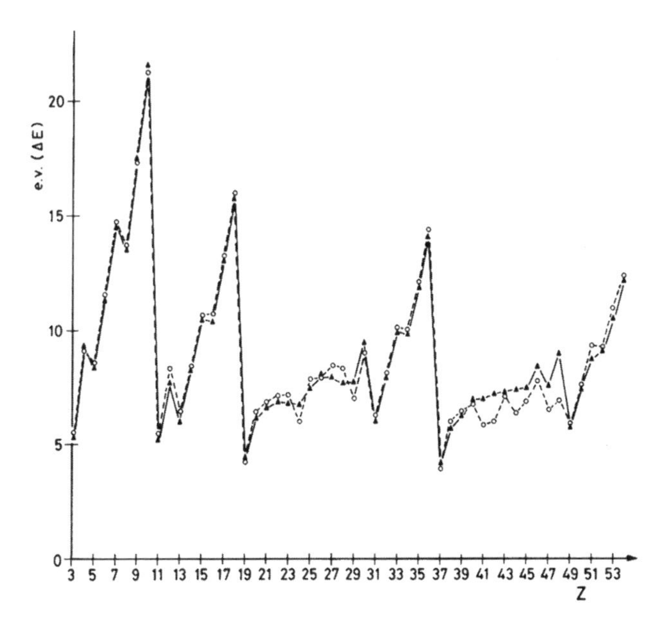

32. 원자번호 1에서 53까지 원소들의 이온화 에너지를 이론적으로 계산한 값(삼각형)과 관찰로 확인한 값(동그라미).

두 가지 흥미로운 현상이 관찰된다. 첫째, 파동은 회절 현상을 드러낸다. 회절이란 파동이 구멍을 통과하거나 장애물을 만나 돌아갈 때 넓게 퍼지는 현상을 말한다.

둘째로, 둘 이상의 파동이 '위상이 같은' 상태로 한 지점에서 만날 때는 이른바 보강간섭이 일어나서 합성파의 진폭이 개별 파동의 진폭보다 더 커진다. 거꾸로 두 파동이 서로 위상이 어긋난 상태로 만날 때는 이른바 상쇄간섭이 일어나서 합성파의 진폭이 작아진다. 1920년대 초, 여기에서 자세히 말하기는 어려운 어떤 이유들 때문에 과학자들은 전자 같은 입자들도 특정 조건에서는 파동처럼 행동할지도 모른다고 추측하게 되었다. 간단히 설명하자면, 그런 추측은 파동인 빛이 입자처럼 행동한다는 사실을 확인했던 아인슈타인의 광전효과 이론을 논리적으로 반전시킨 발상이라고 할 수 있었다.

전자 같은 입자들이 정말로 파동처럼 행동하는지 알아보려면, 전자가 여느 파동처럼 회절과 간섭을 일으키는지 확인해 보아야 했다. 놀랍게도 그런 실험은 성공했고, 덕분에 전자의 파동성은 이제 틀림없는 사실이 되었다. 게다가 과학자들은 니켈 결정에 대고 전자 빔을 쏘면 일련의 동심원 무늬가 발생한다는 사실도 관찰했는데, 이것은 전자의 파동이 결정에 부딪혀 튕겨나지 않고 에둘러 퍼지기 때문에 발생하는 회절 무늬였다.

이때부터 과학자들은 전자를 비롯한 모든 기본 입자들이 무슨 분열증이라도 앓는 것처럼 입자로도 행동하고 파동으로도 행동한다고 간주해야 했다. 이렇듯 전자가 파동처럼 행동한다는 소식은 이론물리학계에 금세 널리 퍼졌고, 에어빈 슈뢰딩거의 귀에도 들어갔다. 그래서 이 오스트리아 태생의 이론물리학자는 그동안 과학자들이 파동을 모형화하는 데 써왔던 수학 기법을 끌어들여서 수소 원자 속 전자를 묘사하는 일에 나섰다. 이때 그가 세운 가정은 첫째로 전자가 파동처럼 행동한다는 것, 둘째로 전자의 퍼텐셜(위치)에너지는 핵이 잡아당기는 힘으로 인한 에너지라는 것이었다. 그는 또 이 방정식을 풀기 위해서 수리물리학자들이 이런 종류의 미분방정식을 풀 때면 늘 쓰는 방법을 썼는데, 바로 경계조건을 가하는 방법이었다.

기타 줄을 예로 들어보자. 기타 줄은 너트와 브리지라고 불리는 양 끝 부분에서 고정되어 있다. 그 줄을 개방현으로 퉁긴다고 하자. 그림 33에 그려진 것처럼, 줄은 온전한 파동의 절반에 해당하는 반파장의 형태로 위아래로 진동할 것이다. 그런데 줄이 또 어떻게 진동할 수 있을까? 답은 반파장의 두 배(즉, 온전한 한 파장)의 형태다. 그런 진동을 얻으려면 기타의 지판에서 딱 중간 부분(12번째 프렛)에 손가락을 대어 줄을 지그시 누른 뒤 다른 손으로 울림구멍 부분에서 줄을 퉁기자마자 눌렀던 반대쪽 손가락을 떼면 된다. 제대로 하면, 음악가들이 배음이라고 부르는 듣기 좋은 종소리 같은 소리가 난다. 줄은 이 밖에도 반파장의 3, 4, 5… 배로 진동할 수 있다. 반파장의 정수배로만 진동할 수 있는 것이다. 가령 반파장의 2.5배라거나 3.3배라거나 하는 식으로는 진동하지 못한다.

이 현상을 수학 용어 겸 물리 용어로 표현하자면, 계에 경계조건이 부여되자(기타의 경우 양 끝이 고정된 것이 경계조건이다) 정수배로 특징지어지는 일련의 움직임이 발생한 현상이라고 할 수 있다. 그런데 이것이 바로 양자화, 즉 어떤 값의 정수배로 제약이 설정된 현상이 아니겠는가. 마찬가지로, 슈뢰딩거가 자신의 방정식에 수학적 경계조건을 가하자 그가 계산한 전자의 에너지 값이 양자화되었다. 보어는 그 양자화 조건을 처음부터 방정식에 집어넣고 계산해야 했는데 말이다. 슈뢰딩거는 에너지 양자화를 인위적으로 도입하지 않고 방정식으로부터 유도해냈다는 점에서 상당한 발전을 이룬 셈이었다. 양자화가 이론의 자연스러운 속성으로 등장한다는 점에서, 이것은 더 깊은 수준의 이론이라는 뜻이었다.

새로운 양자역학을 보어의 옛 양자 이론과 다르게 만들어주는 중요한 요소가 하나 더 있다. 이 두번째 요소를 발견한 사람은 독일 물리학자 베르너 하이젠베르크였다. 그는 어떤 입자의 위치의 불확정성과 운동량의 불확정성을 곱한 값은 다음의 아주 단순한 관계를 만족시킨다는 사실을 알아냈다.

$$\Delta x \cdot \Delta p = h / 4\pi$$

이 방정식은 우리가 전자 같은 입자의 위치와 운동량을 둘 다 동시에 정확하게 알 수 있다고 여기는 상식을 버려야 한다는 뜻이다. 하이젠베르크의 원리에 따르면, 우리가 전자의 위치를 더 정확하게 알수록 전자의 운동량은 덜 정확해지고 그 역도 마찬가지다. 꼭 입자의 움직임이 갑자기 모호해지거나 불확실해진 것만 같다. 보어의 모형에서는 전자가 행성처럼 정확하게 정해진 궤도로 핵을 돈다고 보았지만, 새로운 양자역학적 관점에서는 이제 전자에 정해진 궤도가 있다고 말하지 않았다. 확실성이 아니라 그 대신 확률(불확실성)로만 말하는 수준으로 물러났다. 이 관점에 전자의 파동성까지 더한 그림은 보어의 모형과는 달라도 여간 다른 게 아니다.

양자역학에서 전자는 구형의 껍질 내부에 골고루 퍼져 있다고 간주된다. 꼭 우리가 점이라고 생각했던 입자가 기체로 변해서 보어의 2차원 궤도를 3차원화한 것에 해당한다고 볼 수 있는 구형 공간 내부에 널리 퍼진 것 같다. 게다가 이 양자역학적 전하의 구에는 깔끔한 경계가 없다. 이것은 하이젠베르크의 불확정성 원리 때문이다. 지금까지 우리가 이야기해온

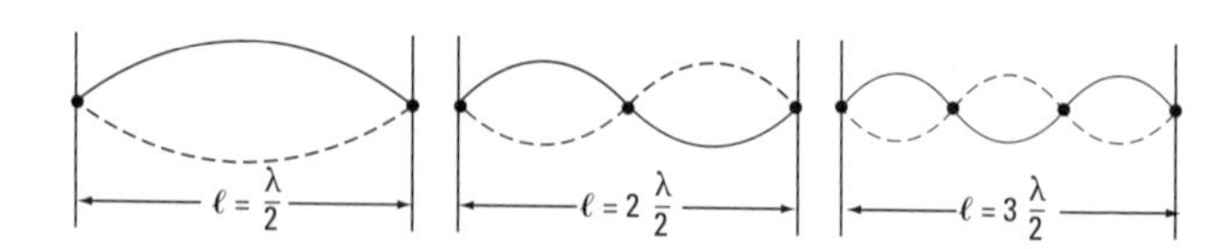

33. 경계조건이 주어진 계에 양자화가 등장한 모습.

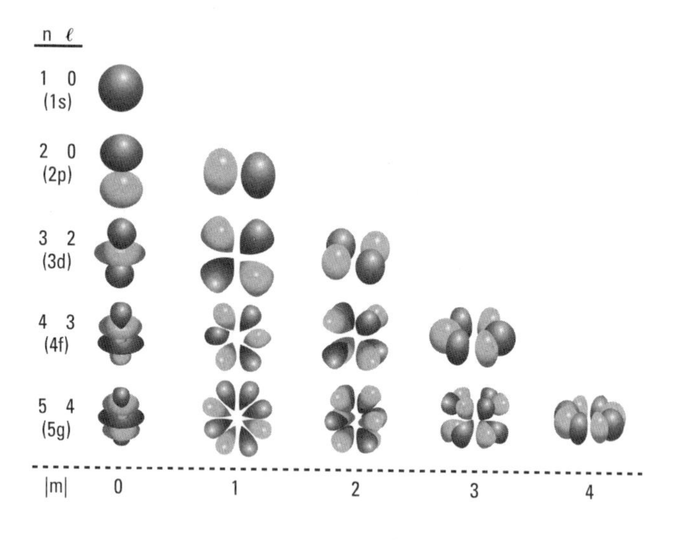

34. s, p, d, f 오비탈들.

첫번째 오비탈, 즉 구형의 1s 오비탈은 엄밀히 따지자면 보통 국소화한 입자라고 여겨지는 전자가 존재할 확률이 90퍼센트에 해당하는 공간을 뜻한다. 더군다나 이것은 슈뢰딩거 파동방정식의 많은 해들 중 첫번째 해일 뿐이며, 원자핵에서 더 멀고 더 큰 다른 오비탈들은 구형이 아닌 다른 형태를 취한다(그림 34).

마지막으로 양자 이론, 양자역학, 주기율표의 관계를 더 넓게 살펴보자. 7장에서 보았듯이, 보어가 처음 원자 구조 연구에 양자화 개념을 도입했던 것은 수소 원자를 설명하기 위해서였다. 그러나 그는 같은 시기의 논문들에서 에너지 양자화가 다전자원자들에서도 벌어진다고 가정함으로써 내처 주기율표의 형태를 설명하는 작업에도 나섰다. 이후 물리학자들이 보어의 첫번째 양자수에 추가하여 세 가지 양자수를 더 도입했던 것도 주기율표를 더 잘 설명하기 위해서였다. 양자화 개념을 과감하게 도입했던 보어 이전에도, 당대 최고의 핵물리학자 J. J. 톰슨은 주기율표 속 다양한 원자들의 전자 배치를 알아내려고 일찍부터 애썼다.

요컨대 주기율표는 핵물리학 이론들의 시험장으로 기능했으며, 양자 이론과 양자역학이 발전하던 초기에 이론의 여러 측면을 확인하는 시험장으로 기능했다. 반면 오늘날은 양자역학이 화학을, 특히 주기율표를 완벽하게 설명한다고 보는 관점이 지배적이다. 그런 생각은 사실이 아니지만, 양자역학이 주기율표 설명에 지속적으로 큰 역할을 맡고 있다는 사실도 물론 부인할 수 없다. 그러나 오늘날의 환원주의적인 분위기에서 사람들이 깜빡 잊고 있는 듯한 점은, 주기율표가 현대 양자역학의 발달에 여러모로 기여했다는 사실이다. 따라서 양자역학이 주기율표를 일방적으로 설명한다고만 보는 관점은 다소 근시안적인 견해일 것이다.

제 9 장

현대의 연금술: 미발견 원소에서 합성 원소로

주기율표에는 자연에 존재하는 원소가 아흔 개가량 포함되어 있다. 그 마지막은 92번 우라늄이다. 내가 아흔 개가량이라고 말한 것은 테크네튬 같은 한두 가지 원소는 먼저 인공적으로 만들어진 뒤에야 지구에 자연 상태로도 존재한다는 사실이 밝혀졌기 때문이다.

화학자들과 물리학자들은 그동안 수소(원자번호 1)와 우라늄(92) 사이에 빈칸으로 남았던 원소들 중 일부를 합성하는데 성공했다. 그뿐 아니라 우라늄 너머에서도 스물다섯 개가량의 새로운 원소를 더 합성했는데, 이 중에서도 하나나 둘, 가령 넵투늄과 플루토늄은 나중에 자연에도 극미량 존재하는 것으로 확인되었다.

내가 이 글을 쓰는 지금, 실험 증거가 충분한 원소들 가운데 제일 무거운 것은 원자번호 118번이다. 92번에서 118번 사이의 원소들도 모두 성공적으로 합성되었다. 가장 최근에 합성된 것은 2010년 4월 발표된 117번 원소였다.

원소 합성 과정은 보통 표적이 되는 핵에 작은 입자들을 마구 쏘아대는 것으로 시작했다. 표적 핵의 원자번호를 더 높여서 원소의 정체성을 바꾸려는 것이었다. 최근에는 묵직한 핵 두 개를 충돌시키는 방법으로 합성 기법이 변했지만, 아무튼 그럼으로써 더 크고 무거운 핵을 만들겠다는 목표는 같다.

어떻게 보면 오늘날의 모든 합성 작업은 1919년 러더퍼드와 소디가 맨체스터 대학에서 실시했던 결정적 실험에서 유래했다고 할 수 있다. 그 실험에서 러더퍼드와 동료들은 질소 핵에 알파입자(헬륨 이온)를 쏘아 질소 핵을 다른 원소의 핵으로 바꾸는 결과를 얻었다. 처음에는 그들도 깨닫지 못했지만, 그 반응에서 생성된 것은 산소의 동위원소였다. 러더퍼드는 한 원소를 전혀 다른 원소로 바꾸는 변성 작업을 역사상 최초로 해냈던 것이다. 옛 연금술사들의 꿈이 현실이 된 셈이었으며, 그 돌파구 덕분에 최근까지도 새로운 원소가 계속해서 만들어지고 있다.

$$^{14}_{7}N + ^{4}_{2}He \rightarrow ^{17}_{8}O + ^{1}_{1}H$$

물론, 엄밀히 말하자면 이 반응에서 생성된 것은 완전히 새로운 원소가 아니라 기존 원소의 특이한 동위원소였다. 그리고 이때 러더퍼드가 사용한 알파입자는 우라늄 같은 불안정한 핵이 방사성 붕괴를 겪을 때 방출하는 알파입자였다. 곧 질소가 아닌 다른 원자를 표적으로 써도 비슷한 변환이 가능하다는 사실이 밝혀졌지만, 최대 한계는 원자번호 20인 칼슘까지였다. 그보다 더 무거운 핵을 변환시키려면 자연적으로 생성되는 알파입자보다 에너지가 더 큰 발사체가 필요했다.

상황이 바뀐 것은 1930년대였다. 버클리 캘리포니아 대학에서 어니스트 로런스가 사이클로트론을 발명한 것이다. 이 기계를 쓰면 알파입자를 자연 붕괴 과정에서 생성될 때보다 수백수천 배 더 빠르게 가속할 수 있었다. 1932년에는 또다른 발사체 입자인 중성자가 발견되었다. 중성자는 전하가 0이라는 이점도 있었다. 이것은 양전하를 띤 핵 속 양성자들의 반발을 겪지 않고 표적 원자 속으로 침투할 수 있다는 뜻이었다.

미발견 원소들

1930년대 중반의 주기율표에는 아직 메워지지 않은 빈칸이 네 개 남아 있었다. 원자번호 43, 61, 85, 87이었다. 흥미로운 점은 이 중 세 원소의 존재를 멘델레예프가 이미 오래전에

똑똑히 예측했으며 각각에 에카망가니즈(43), 에카아이오딘(85), 에카세슘(87)이라는 임시명까지 붙여두었다는 것이다. 빠진 네 원소 중 이 세 원소는 20세기 들어서야 인공적으로 합성되었다.

1937년, 버클리 사이클로트론에서 몰리브데넘 표적에 중수소(질량이 보통 수소의 두 배인 동위원소) 발사체를 쏘는 실험이 실시되었다. 연구에 참여한 사람 가운데 시칠리아에서 온 박사 후(後) 연구원 에밀리오 세그레가 있었는데, 그는 고국으로 돌아갈 때 복사선을 쬔 그 몰리브데넘 샘플을 가지고 갔고 팔레르모에서 카를로 페리에와 함께 그 샘플을 분석하여 원자번호 43인 새 원소가 생성되었음을 확인했다. 그들은 후에 그 원소를 테크네튬이라고 명명했다.

$$^{96}_{42}\mathrm{Mo} + {}^{2}_{1}\mathrm{H} \rightarrow {}^{97}_{43}\mathrm{Tc} + {}^{1}_{0}\mathrm{n}$$

이것은 과학자들이 원소를 변성시켜 완전히 새로운 원소를 얻어낸 첫 사례로, 러더퍼드의 고전적 실험이 그 가능성을 보여준 지 18년 만의 일이었다. 후에 테크네튬이 극미량이나마 지구에 자연적으로 존재한다는 사실도 밝혀졌다.

멘델레예프가 에카아이오딘이라고 불렀던 85번 원소는 마지막까지 빈칸이었던 네 원소 중 인공 합성으로 발견된 두번째 원소였다. 원자번호가 85번이니 이 원소는 폴로늄(84)에서 만들 수도 있고 비스무트(83)에서 만들 수도 있을 것이었다. 폴로늄은 매우 불안정하고 방사능이 세기 때문에 연구진은 비스무트로 관심을 돌렸는데, 비스무트는 사실 최후의 안정된 원소이고 주기율표에서 그 뒤의 원소들은 모두 방사성 붕괴를 겪는다. 그리고 비스무트의 원자번호가 85번 원소보다 두 단위가 적으니, 발사체로 써야 할 입자는 이번에도 알파 입자였다. 1940년 버클리에서 데일 코슨, 케네스 매켄지, 그리고 이제 다시 미국으로 건너와서 정착한 상태였던 에밀리오 세그레가 그런 실험을 수행하여 85번 원소 중 반감기가 8.3시간인 동위원소를 얻었다. 이들은 이 원소의 이름을 그리스어로 '불안정'을 뜻하는 단어 '아스타토스'를 따서 아스타틴이라고 지었다. 빠진 원소들 중 인공적으로 합성된 세번째 원소는 61번이었고, 역시 버클리 사이클로트론에서 제이컵 마린스키, 로런스 글렌데닌, 찰스 코옐 등이 네오디뮴 원자에 중수소 원자를 충돌시킨 반응을 통해서 만들어냈다.

이야기한 김에 마지막까지 빈칸이었던 원소들 중 네번째 원소까지 이야기하면, 이 원소는 1939년에 프랑스 화학자 마르그리트 페레가 발견했다. 마리 퀴리의 실험 조수로 경력을 시작했던 페레는 이 원자를 발견했을 때 학사학위조차 없는 상태였다. 페레는 새로 발견한 원소에 고국의 이름을 따서 프랑슘이라는 이름을 붙였다. 이 원소는 인공적으로 합성해야 하는 것은 아니었고, 악티늄이 자연적으로 방사성 붕괴를 겪을 때 생성되는 부산물로 발견되었다. 페레는 후에 교수가 되었고 핵화학 연구소의 소장도 지냈다.

초우라늄 원소들

이제 92번 너머의 원소들이 어떻게 합성되었는지 본격적으로 살펴보자. 테크네튬이 합성되기 3년 전인 1934년, 로마에서 연구하던 엔리코 페르미는 초우라늄 원소를 합성할 요량으로 표적 원소에 중성자를 쏘기 시작했다. 그는 곧 그런 원소 두 가지를 합성하는 데 성공했다고 믿고서 얼른 오소늄(93)과 헤스페륨(94)이라고 명명했다. 그러나 그것은 착각이었다.

페르미는 같은 해 노벨상 수상 연설에서 그 발견을 알렸으나, 이후 연설 내용을 서면으로 제출할 때는 그 주장을 빼버렸다. 페르미가 왜 그렇게 잘못된 주장을 내세웠는가에 대한 설명은 1년 뒤에 등장했다. 1938년에 오토 한, 프리츠 슈트라스만, 리제 마이트너가 핵분열을 발견했던 것이다. 그제야 과학자들은 가령 우라늄 같은 핵이 중성자와 충돌하면 더 큰 핵 하나로 변하는 것이 아니라 중간 크기의 핵 두 개로 쪼개질 수도 있다는 사실을 깨달았다. 가령 우라늄은 다음과 같은 핵분열 반응을 거쳐 세슘과 루비듐을 생성한다.

$$^{235}_{92}U + ^{1}_{0}n \rightarrow ^{140}_{55}Cs + ^{93}_{37}Rb + 3^{1}_{0}n$$

페르미와 동료들은 처음 믿었던 것처럼 더 무거운 핵을 형성한 것이 아니라 이런 핵분열 과정의 생성물을 목격한 것이었다.

진정한 초우라늄 원소들

1939년에 마침내 진짜 93번 원소를 확인한 사람은 버클리 캘리포니아 대학의 에드윈 맥밀런과 동료들이었다. 그들은 그 원소를 넵투늄이라고 명명했다. 하늘에서 천왕성 다음에 해왕성이 오듯이 주기율표에서 우라늄 다음에 오는 원소였기 때문이다. 주기율표의 위치에 근거하여 예측하자면 93번 원소는 에카레늄다운 행동을 보여야 하겠지만, 연구진의 화학자 필립 에이벨슨은 그렇지 않다는 것을 확인했다. 이와 더불어 94번 플루토늄도 비슷한 성질이 있다는 사실이 밝혀지자, 글렌 시보그는 주기율표를 대대적으로 손볼 것을 제안했다(1장을 보라). 그 결과 이제 악티늄(89) 이후 원소들은 더이상 전이금속이 아니라 란타넘족과 비슷한 별개의 집단으로 여겨지게 되었다. 따라서 93, 94번 같은 원소들은 더이상 에카레늄이나 에카오스뮴답게 행동할 이유가 없었다. 수정된 주기율표에서 전혀 다른 위치를 배정받았으니까.

94번에서 97번까지 원소들, 즉 플루토늄, 아메리슘, 퀴륨, 버클륨은 모두 1940년대에 합성되었고 98번 캘리포늄은 1950년에 발견되었다. 이 행진은 곧 끝날 것처럼 보였다. 일반적으로 핵이 무거울수록 더 불안정하기 때문이다. 표적 물질에 중성자를 쏘아서 그 원소를 더 무거운 다른 원소로 변환시키려면 표적 물질을 충분히 많이 모아두어야 하지만, 핵이 무거워질수록 많이 모으기가 어려운 것이 문제였다. 이 시점에서 요행이 끼어들었다. 1952년 태평양의 마셜 제도 환초(環礁)에서 '아이비 마이크'라는 작전명으로 최초의 수소폭탄 시험이 벌어졌다. 그 결과 강력한 중성자들이 발생하여, 다른 방식으로는 가능하지 않았던 핵반응들이 벌어졌다. 일례로 238U 동위원소가 열다섯 개의 중성자와 충돌하여 253U를 형성했고, 이 동위원소가 다시 베타입자 일곱 개를 잃어서 99번 원소 아인슈타이늄을 생성했다.

$$^{238}_{92}U + 15\,^{1}_{0}n \rightarrow\, ^{235}_{92}U \rightarrow\, ^{253}_{99}Es + 7\,_{-1}\beta$$

페르뮴으로 명명된 100번 원소도 비슷한 방식으로, 즉 같은 폭발에서 고중성자속이 발생함으로써 생성되었다. 과학자들은 태평양 제도에 가까운 곳의 토양을 분석함으로써 100번 원소가 생성된 사실을 확인했다.

101번에서 106번까지 원소들

이보다 더 무거운 핵으로 나아가려면 사뭇 다른 접근법이 필요했다. 원자번호 100 너머 원소들에서는 베타붕괴가 일어나지 않기 때문이다. 여러 기술적 혁신이 마련되어야 했는데, 사이클로트론 대신 선형 가속기를 사용하는 것이 한 예였다. 선형 가속기를 쓰면 고강도의 이온 빔을 정확한 에너지로 생성할 수 있을 뿐 아니라 중성자나 알파입자보다 더 무거운 입자도 발사체로 쓸 수 있었다. 냉전 시대에 그런 장치를 보유한 나라는 두 초강대국, 미국과 소련뿐이었다.

1955년 버클리의 선형 가속기에서 원자번호 101번 멘델레븀이 다음 방식으로 생성되었다.

$$^{4}_{2}\mathrm{He} + {}^{253}_{99}\mathrm{Es} \rightarrow {}^{256}_{101}\mathrm{Md} + {}^{1}_{0}\mathrm{n}$$

핵을 조합하는 방식도 더 다양해졌다. 예를 들어 104번 러더포듐은 버클리에서 다음 반응을 통해 만들어졌다.

$$^{12}_{6}C + ^{249}_{98}Cf \rightarrow ^{257}_{104}Rf + 4^{1}_{0}n$$

한편 러시아 두브나의 핵물리학 연구소에서는 같은 원소의 다른 동위원소를 다음 반응을 통해 만들어냈다.

$$^{22}_{10}Ne + ^{242}_{94}Pu \rightarrow ^{259}_{104}Rf + 5^{1}_{0}n$$

이런 접근법을 써서 101번에서 106번까지 총 여섯 개 원소가 합성되었다. 냉전 시절 미국과 소련 사이의 긴장 탓도 있고 해서, 이런 원소를 합성했다는 주장이 제기되면 거의 늘 뜨거운 논쟁이 벌어져서 몇 년씩 이어지곤 했다. 그러나 일단 106번에 이르자 또다른 접근법을 필요로 하는 또다른 문제가 등장했다. 이 시점에는 독일 과학자들도 다름슈타트에 중이온연구소(GSI)를 지어 이 분야에 뛰어든 참이었다. 그들이 쓴 새로운 기술은 '저온 융합'이라고 불렸는데, 1989년 화학자 마틴 플라이슈만과 스탠리 폰즈가 시험관에서 상온 핵융합이 가능하다고 선언했던 잘못된 주장의 기술과 이름이 같기는 해도 관계는 전혀 없다.

초우라늄 원소 합성 분야에서 말하는 저온 융합은 예전보다 더 느린 속도로 핵들을 충돌시키는 기법이다. 그러면 에너지가 더 적게 발생하므로, 융합된 핵이 도로 분해될 확률이 낮아진다. 이 기법은 원래 소련 물리학자 유리 오가네산이 고안했지만 실용적으로 완성된 것은 독일에서였다.

107번 원소 이후

1980년대 초 독일 과학자들은 저온 융합 기법을 사용하여 107번(보륨), 108번(하슘), 109번(마이트너륨) 원소를 합성하는 데 성공했다. 그러나 이 지점에서 또다시 장벽이 존재한다는 사실이 뚜렷해졌다. 과학자들은 새로운 발상과 기술을 많이 시도했고, 이후 베를린 장벽이 무너지고 소련이 해체된 뒤에는 미국과 독일과 이제 러시아로 이름을 바꾼 소련이 협동 연구를 수행하기 시작했다. 10년의 정체기를 겪은 뒤인 1994년, 독일 다름슈타트 연구진은 납과 니켈 이온을 충돌시켜 110번 원소를 합성하는 데 성공했다고 발표했다.

$$^{208}_{82}\mathrm{Pb} + ^{62}_{28}\mathrm{Ni} \rightarrow ^{270}_{110}\mathrm{Ds} \rightarrow ^{269}_{110}\mathrm{Ds} + ^{1}_{0}\mathrm{n}$$

이렇게 만들어진 110번 동위원소의 반감기는 겨우 170마이크로초였다. 독일 연구진은 이 원소를 다름슈타튬으로 명명했는데, 이전에 미국과 러시아 연구진이 자신들이 발견한 원소를 각각 버클륨과 더브늄이라고 명명했던 전례가 있었으니 어쩌면 당연한 일이었다. 한 달 뒤, 독일 연구진은 111번 원소도 생성해냈다. 이 원소는 엑스선을 발견한 뢴트겐의 이름을 따서 뢴트게늄으로 명명되었다. 1996년 2월에는 그다음 원소인 112번 원소도 합성되었다. 이 원소는 2010년에 코페르니슘이라고 공식적으로 명명되었고, 이 글을 쓰는 시점에 공식적으로 명명된 원소 중 가장 무거운 원소다. (이 책 초판은 2011년에 나왔는데, 이후 112번 너머의 원소들에도 모두 공식적인 이름이 주어졌다. 2012년에는 114번과 116번에 각각 플레로븀과 리버모륨이라는 이름이 주어졌고, 2016년에는 113번, 115번, 117번, 118번에 각각 니호늄, 모스코븀, 테네신, 오가네손이라는 이름이 주어졌다. 따라서 현재는 공식적으로 명명된 원소 중 가장 무거운 원소는 118번 오가네손이다—옮긴이)

113번에서 118번까지 원소들

1997년 이래 113번부터 118번까지 원소들을 합성했다고 주장하는 논문이 여럿 발표되었고, 그중 가장 최근은 2010년에 합성된 117번 원소였다. 117번이 118번보다 나중에 합성된 것은 이해할 만한 일인데, 왜냐하면 양성자 개수가 홀수인 핵은 짝수인 핵보다 반드시 더 불안정하기 때문이다. 이 현상은 양성자도 전자처럼 $\frac{1}{2}$ 혹은 $-\frac{1}{2}$의 스핀을 취하며 한 에너지 준위에는 스핀이 서로 다른 한 쌍의 양성자가 들어간다는 점에서 비롯한다. 따라서 양성자 개수가 짝수인 핵은 총 스핀이 0일 때가 많으므로, 115번이나 117번 원소처럼 양성자 개수가 홀수라 짝짓지 못한 스핀이 발생하는 경우보다 더 안정적인 상태이다.

특히 114번 원소의 합성은 진작부터 기대되던 일이었다. 주기율표에서 '안정성의 섬'이라 불리는 장소, 즉 주변보다 핵의 안정성이 더 높은 지점에 해당하는 터라 일찍부터 존재가 예측되었기 때문이다. 1998년 말 러시아 두브나의 연구진이 처음 이 원소를 발견했다고 주장했지만, 보다 확실한 결과가 나온 것은 플루토늄 표적과 원자량 48의 칼슘 동위원소 이온을 충돌시킨 1999년의 후속 실험에서였다. 최근 버클리와 다름슈타트의 연구진은 이 발견을 승인했다. 이 글을 쓰는 시점에 114번 원소가 관여하는 붕괴 과정은 여든 가지쯤 보고되었는데, 그중 서른 가지는 116번이나 118번 같은 더 무거운 핵이 붕괴하는 과정이다. 114번 원소의 동위원소들 가운데 수명이 제일 긴 것은 원자량 289에 반감기가 약 2.6초인 동위원소로, 이 원소가 안정성이 높을 것이라는 기존 예측에 부합하는 결과다.

1998년 12월 30일, 두브나와 버클리의 연구진은 공동 논문을 발표하여 다음 반응을 통해서 118번 원소를 검출했다고 주장했다.

$$^{86}_{36}\mathrm{Kr} + ^{208}_{82}\mathrm{Pb} \rightarrow ^{293}_{118}\mathrm{Uno} + ^{1}_{0}\mathrm{n}$$

그러나 일본, 프랑스, 독일에서 이 결과를 재현하려 한 시도들은 모두 실패했고, 결국 기존의 연구진은 2001년 7월 자신들의 주장을 정식으로 철회했다. 이후 논쟁이 뜨겁게 이어졌고, 그 과정에서 기존 주장을 발표했던 버클리 연구진 중 선임 연구자 한 명이 해고되기까지 했다.

그로부터 2년 뒤 두브나 연구진이 새롭게 발견을 선언했고, 2006년에는 캘리포니아의 로런스-리버모어 국립연구소에서도 발견을 선언했다. 미국과 러시아의 데이터를 함께 고려하면, 다음 반응을 통해서 형성된 118번 원소의 붕괴를 네 차례 더 검출했다는 그들의 주장에 힘이 실린다.

$$^{249}_{98}\mathrm{Cf} + ^{48}_{20}\mathrm{Ca} \rightarrow ^{294}_{118}\mathrm{Uno} + 3^{1}_{0}\mathrm{n}$$

연구자들은 이제 이러한 결과의 신뢰성을 상당히 확신한다. 이 검출이 우발적 사건일 확률은 10만 분의 1도 안 되기 때문이다. 말할 필요도 없는 일이지만, 생성된 원자의 양이 턱없이 적은데다가 수명이 1밀리초도 안 될 만큼 짧기 때문에 이 원소에 대한 화학적 실험은 아직 수행된 바 없다.

2010년에는 두브나의 대규모 연구진과 미국의 여러 실험실에서 이보다 더 불안정한 117번 원소를 합성하고 확인하는 데 성공했다. 이제 118개 원소가 모두 자연에서 발견되거나 특별한 실험을 통해서 인공적으로 만들어졌으니, 주기율표는 흥미로운 지점에 도달한 셈이다. 그중에는 한때 자연에 존재하는 원소로는 마지막일 것으로 여겨졌던 우라늄보다 원자량이 더 큰 원소도 26개나 있다. 그보다 더 무거운 119, 120번 원소를 만들려는 시도도 벌써 시작되었으며, 우리가 합성할 수 있는 원소들의 행렬이 가까운 시일에 끝날 것이라고 내다볼 이유는 없다.

합성 원소의 화학적 성질

이런 초중량 원소들은 주기율표에서 흥미로운 문제를 제기했을 뿐 아니라 중요한 과제이기도 하다. 또한 이 원소들은 이론적 예측과 실험 결과를 대조해보는 흥미로운 작업이 가능한 새로운 영역을 열어주었다. 이론적 계산에 따르면, 원자의 핵전하가 증가함에 따라 상대성 이론의 효과가 점점 더 중요해진다. 예를 들어, 금은 원자번호가 79로 그다지 크지 않지만 그 독특한 색깔은 이제 상대성 이론으로 설명된다. 원자의 핵전하가 클수록 안쪽 껍질의 전자들이 더 빨리 움직인다. 상대성 이론의 범위에 해당하는 속도를 획득한 그런 전자들은 핵에 더 가깝게 끌리고, 그래서 최외각 전자들을 더 많이 가리는데, 알다시피 어떤 원소의 화학적 성질을 결정하는 것은 최외각 전자들이다. 이 때문에 일부 원자들은 주기율표에서 차지하는 위치에 따른 것과는 사뭇 다른 화학적 성질을 가질 것으로 예측된다.

상대성 효과는 주기율표의 보편성을 시험하는 가장 최근의 과제인 셈이다. 이 문제에 대한 이론적 예측은 오래전부터 여러 연구자들이 발표해왔지만, 상황이 일종의 절정에 오른 것은 104번과 105번 원소, 즉 러더포듐과 더브늄의 화학적 성질을 조사할 때였다. 러더포듐과 더브늄의 화학적 성질이 주기율표에서 놓인 위치를 근거로 직관적으로 예상되는 것과는 정말로 사뭇 달랐던 것이다. 러더포듐과 더브늄은 각각 바로 위에 있는 하프늄 및 탄탈럼과 비슷해야 할 것 같았지만, 실제로는 그렇지 않은 듯했다.

1990년 버클리의 케네스 체르빈스키는 104번 러더포듐이 용액 상태일 때 화학적 성질이 주기율표에서 그 위에 있는 두 원소, 지르코늄과 하프늄과는 다르다는 것을 발견했다. 러더포듐의 화학적 성질은 오히려 꽤 멀리 떨어진 곳에 놓인 플루토늄과 비슷했다. 한편 더브늄에 대한 초기 연구에서도 이 원

3	4	5	6	7	8	9	10	11	12
Sc	Ti	V	Cr	Mn	Fe	Co	Ni	Cu	Zn
Y	Zr	Nb	Mo	Tc	Ru	Rh	Pd	Ag	Cd
Lu	Hf	Ta	W	Re	Os	Ir	Pt	Au	Hg
Lr	Rf	Db	Sg	Bh	Hs	Mt	Ds	Rg	Cn

35. 주기율표에서 3~12족 원소들만 따로 뗀 표.

소가 바로 위에 있는 탄탈럼과 비슷하게 행동하지 않는다는 사실이 밝혀졌다(그림 35). 더브늄은 오히려 악티늄족 원소인 프로트악티늄과 대단히 비슷했다. 또다른 실험에서는 러더포듐과 더브늄이 하프늄과 탄탈럼보다는 그보다 한 칸 더 위 원소들, 즉 지르코늄 및 나이오븀과 더 비슷한 것 같다는 결과가 나왔다.

원소들이 주기율에 부합하는 행동을 재개한 것은 그다음 번호인 시보귬(106)과 보륨(107)에 와서였다. 이 발견을 알렸던 논문들은 제목만 봐도 내용이 짐작된다. 제목은 "희한하게 정상적인 시보귬"과 "지루한 보륨"으로, 둘 다 두 원소의 성질이 주기율표에 비추어 특이하지 않다는 사실을 언급한 말이었다. 두 원소에서 상대성 효과가 훨씬 더 두드러져야 할 텐데도, 주기율에 따라 예측되는 화학적 성질이 그런 경향성을 압도하는 듯했다.

보륨이 어엿한 7족의 구성원처럼 행동한다는 사실은 내가 예전에 다른 글에서 제시했던 다음과 같은 논증으로도 알 수 있다. 이 논증은 일종의 '원점 회귀'라고 불러도 좋은 것이, 과거의 세쌍원소 체계와 관련되기 때문이다. 3장의 내용을 기억하겠지만, 세쌍원소의 발견은 성질이 비슷한 원소들의 집합에 모종의 수학적 규칙성이 있다는 사실을 최초로 알려준 사건이었다. 그림 36은 테크네튬, 레늄, 보륨이 산소 및 염소와 결

TcO_3Cl = 49kJ/mol
ReO_3Cl = 66kJ/mol
BhO_3Cl = 89kJ/mol

36. 7족 원소들의 승화 엔탈피. 107번 원소가 어엿한 7족 원소임을 보여준다.

합한 화합물의 표준 승화 엔탈피(고체를 기체로 곧장 변환시키는 데 드는 에너지)를 측정한 데이터다.

세쌍원소 기법을 이용하여 BhO_3Cl의 승화 엔탈피를 예측하면 몰(mol)당 83킬로줄이 나오는데, 이것은 위의 표에 제시된 실험값인 몰당 89킬로줄과 비교하여 오차가 6.7퍼센트에 불과하다. 이 사실은 보륨이 아래와 같은 어엿한 7족 원소처럼 행동한다는 견해를 뒷받침하는 또하나의 증거다.

Mn
Te
Re
Bh

가장 최근에 화학적 실험이 실시된 원소인 112번 코페르니슘으로 넘어가면, 상대성 효과가 주기율에 가하는 도전이 한층 강해진다. 이번에도 역시 상대성 효과를 감안한 계산에서는 이 원소의 화학적 성질이 크게 변형되어 주기율표에서 그 위에 놓인 수은보다는 오히려 비활성기체를 닮았으리라는 예측이 나온다. 그러나 실제 112번 원소의 승화 엔탈피를 측정한 실험 결과는 예측과는 달리 이 원소가 아연, 카드뮴, 수은과 함께 어엿한 12족 구성원임을 보여주었다.

114번 원소의 경우도 비슷하다. 이전 계산과 실험에서는 이 원소가 비활성기체의 성질을 띨 것으로 생각되었으나, 최근의 실험 결과는 이 원소가 주기율표에서 14족에 속하는 위치에 걸맞게 납 금속처럼 행동할 것이라는 생각을 지지했다. 우리가 이로부터 내릴 수 있는 결론은 화학적 주기성이란 놀랍도록 견고한 현상이라는 것이다. 전자의 빠른 움직임으로 인한 강력한 상대성 효과조차도 약 150년 전에 발견된 단순하기 그지없는 과학적 현상을 거꾸러뜨리지 못하는 듯하다.

제 10 장

주기율표의 다양한 형태

지금까지 주기율표에 대해서 많은 이야기를 했지만, 한 가지 중요한 측면은 아직 다루지 않았다. 왜 이토록 많은 주기율표가 발표되는가, 왜 이토록 많은 형태가 현재 교과서나 논문이나 인터넷에 나와 있는가 하는 문제다. '최적의' 주기율표라는 것이 과연 존재할까? 이런 질문이 타당하기는 할까? 타당하다면, 최적의 주기율표를 알아내기 위해서 지금까지 어떤 노력들이 이루어졌을까?

에드워드 매저스는 주기율표의 역사를 다룬 고전적 저서에서 1860년대에 처음 주기율표가 작성되기 시작한 이래 발표된 약 700가지 주기율표들의 자료와 도표를 취합하여 보여주었다. 매저스의 책이 출간된 지도 40년 남짓 흘렀고, 그동안

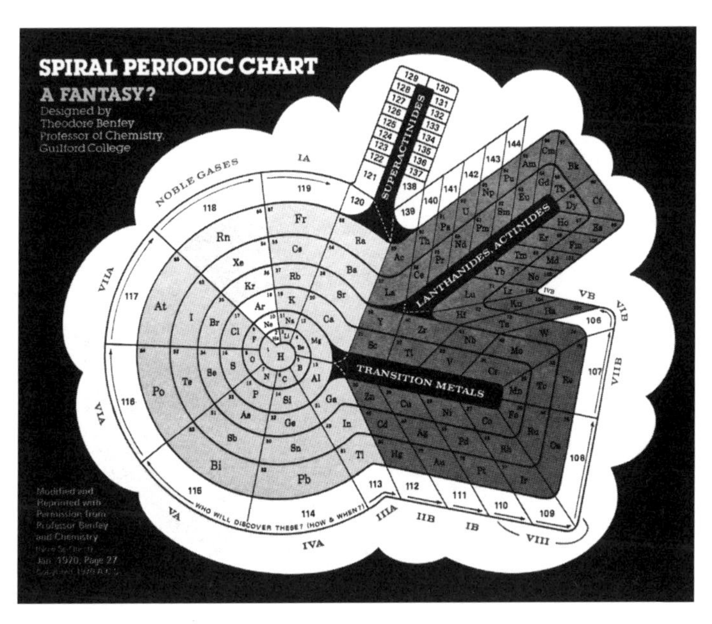
SPIRAL PERIODIC CHART
A FANTASY?
Designed by
Theodore Benfey
Professor of Chemistry,
Guilford College
NOBLE GASES
IA
SUPERACTINIDES
LANTHANIDES, ACTINIDES
TRANSITION METALS
VIIA
VIA
VA
IVA
IIIA
IIB
IB
VIII
VB
VIB
VIIB
IVB
WHO WILL DISCOVER THESE? (HOW & WHEN?)

37. 벤피의 주기율표.

38. 뒤푸르의 주기율표 나무.

에도 인터넷에 올려진 것들까지 포함하면 최소한 300가지 새로운 주기율표들이 등장했다. 실은 주기율표가 이렇게 많다는 사실 자체가 설명이 필요한 일이다. 개중에는 물론 새로운 특징이 전혀 없는 표도 많고, 과학적 관점에서 잘못된 표도 더러 있다. 그러나 그런 그릇된 형태들을 제외하더라도 여전히 아주 많은 수가 남는다.

1장에서 보았듯이, 주기율표에는 기본적으로 세 형태가 있다. 단주기형, 장주기형, 확장형이다. 세 형태 모두 거의 같은 정보를 담고 있지만, 앞에서 말했듯이 원자가가 같은 원소들끼리 묶은 집단을 다루는 방식이 조금씩 다르다. 한편 직사각형이 아니라는 점에서 말 그대로의 '표'처럼 보이지는 않는 주기율표들도 있다. 그런 부류 중에서도 한 가지 중요한 종류는 원형이나 타원형 주기율표다. 이 표들은 직사각형 형태에 비해 원소들의 연속성을 더 잘 강조하는 듯하다. 직사각형과는 달리 원형이나 타원형 주기율표에서는 가령 네온과 나트륨, 아르곤과 칼륨의 경우처럼 주기 끝과 시작에 오는 원소들이 끊어지지 않기 때문이다. 그러나 원형이라고 해도 시계 숫자판의 주기와는 달리 주기들의 길이가 늘 일정하지는 않으므로, 원형 주기율표 설계자는 길이가 더 긴 전이원소 주기들을 어떻게든 포함시킬 방법을 생각해내야 한다. 일례로 오토 벤피는 원형 주기율표 몸통에서 툭 튀어나온 공간을 만들고 그곳에 전이금속을 담았다(그림 37). 그런가 하면 3차원 주기율표도 있다. 캐나다 몬트리올의 페르난도 뒤푸르가 설계한 표가 좋은 예다(그림 38).

하지만 나는 이런 변종들은 주기율표의 외형을 달리한 것일 뿐 근본적인 차이점은 없다고 생각한다. 진정으로 다른 형태가 되려면, 하나 이상의 원소를 기존 주기율표와는 다른 집단으로 배치하는 변화가 있어야 한다. 그런데 이 이야기를 계속하기 전에, 주기율표 설계라는 문제 자체를 잠시 이야기하고 넘어가자.

주기율표는 언뜻 별것 아닌 것으로 느껴질 만큼 단순한 개념이다. 적어도 겉으로 보기에는 그렇다. 많은 아마추어 과학자들이 새로운 주기율표 설계에 뛰어들고 자신이 개발한 주기율표가 기존에 발표된 것들보다 우월하다고 주장하곤 하는 것이 이 때문이다. 실제로 그동안 아마추어들이, 혹은 화학이나 물리학이 아닌 다른 분야 연구자들이 중요하게 기여한 예가 더러 있었다. 가령 6장에서 만났던 안톤 판덴브룩은 경제학자였지만 원자번호 개념을 최초로 떠올렸고 〈네이처〉 같은 학술지에 여러 편의 논문을 실어 그 발상을 전개했다. 프랑스 공학자 샤를 자네도 그런 사례일 것이다. 자네는 최초로 알려진 왼쪽 계단식 주기율표를 1929년에 발표했고, 그의 형태는 아직까지 아마추어들과 전문가들 사이에서 공히 상당히 각광

																													H	He	1
																													Li	Be	2
																							B	C	N	O	F	Ne	Na	Mg	3
																							Al	Si	P	S	Cl	Ar	K	Ca	4
													Sc	Ti	V	Cr	Mn	Fe	Co	Ni	Cu	Zn	Ga	Ge	As	Se	Br	Kr	Rb	Sr	5
													Y	Zr	Nb	Mo	Tc	Ru	Rh	Pd	Ag	Cd	In	Sn	Sb	Te	I	Xe	Cs	Ba	6
La	Ce	Pr	Nd	Sm	Eu	Gd	Tb	Dy	Ho	Er	Tm	Yb	Lu	Hf	Ta	W	Re	Os	Ir	Pt	Au	Hg	Tl	Pb	Bi	Po	At	Rn	Fr	Ra	7
Ac	Th	Pa	U	Pu	Am	Cm	Bk	Cf	Es	Fm	Md	No	Lr	Rf	Db	Sg	Bh	Hs	Mt	Ds	Rg	Cn									8

39. 샤를 자네의 왼쪽 계단식 주기율표.

받는다(그림 39).

그렇다면 내가 앞에서 던졌던 다른 질문은 어떨까? 즉, 최적의 주기율표를 추구한다는 것이 애초에 타당한 일일까? 아니면 이 문제에 시간을 쏟는 아마추어들이나 전문가들은 착각에 빠져 있는 것일까? 내가 볼 때 이 문제에 대한 답은 주기율표에 대한 철학적 태도에 달려 있다. 만일 원소들의 성질이 근사적으로나마 반복되는 현상이 자연계의 객관적 사실이라고 믿는다면, 그는 실재론자의 태도를 취하는 셈이다. 그런 사람에게는 최적의 주기율표를 추구한다는 것이 완벽하게 말이 되는 일이다. 최적의 주기율표란 화학적 주기성에 관련된 사실들을 가장 잘 표현하는 형태일 것이다. 설령 그런 최적의 형태가 아직은 발견되지 않았더라도.

반면 주기율표에 대해 도구주의자 혹은 반실재론자의 태도를 취하는 사람은 원소들의 주기성이란 인간이 자연에 부여한 성질일 뿐이라고 믿을 것이다. 이런 사람은 단 하나의 형태로 존재하는 최적의 주기율표를 찾아내고 싶다는 열망을 느끼지 않을 것이다. 그런 주기율표란 애초 존재하지 않을 테니까. 이런 관습주의자 혹은 반실재론자에게는 원소들이 어떻게 표현되는가 하는 문제가 그렇게까지 중요하지는 않다. 원소들 간의 관계란 자연적인 것이 아니라 인공적인 것이라고 여기기 때문이다.

내 입장을 밝히자면, 주기율표에 관한 한 나는 확고한 실재론자다. 예를 들어 설명하자면, 나는 많은 화학자가 주기율표에 대해 반실재론적 입장을 취한다는 사실이 놀랍게만 느껴진다. 화학자들에게 가령 수소 원소를 1족(알칼리금속)에 두어야 하느냐 17족(할로겐족)에 두어야 하느냐 물으면, 실제로 일부 화학자들은 어느 쪽이든 상관없다고 답한다.

대안 주기율표들과 최적의 주기율표 후보를 살펴보기에 앞서, 몇 가지 짚고 넘어가야 할 일반적 주제가 더 있다. 하나는 주기율표의 효용 문제다. 과학자들은 이 형태 혹은 저 형태의 주기율표가 자신의 분야에서, 이를테면 천문학이나 지질학이나 물리학이나 기타 등등에서 더 유용하기 때문에 선호하는 경향이 있다. 그런 주기율표들은 주로 효용을 추구하는 형태들이다. 반면 특정 분야 과학자들에게 유용하도록 만들어진 것이 아니라, 더 나은 표현을 찾지 못해서 쓰는 말이지만, 원소들에 관한 '진실'을 강조하려고 애쓰는 주기율표들도 있다. 그리고 최적의 주기율표를 추구하는 사람이라면 당연히 효용의 문제는 일단 제쳐두어야 한다. 그 효용이 특정 분야의 효용일 때는 더욱더 그렇다. 게다가 다른 무엇보다도 먼저 원소들에 관한 진실을 추구하는 주기율표라면, 그것이 정말 원소들의 진정한 성질과 관계를 표현하는 데 성공했을 경우, 아마도 여러 다양한 분야들에서 유용성을 발휘할 것이다. 그러나 그런 유용성은 최적의 주기율표를 정하는 데 기준이 되어야 할 요소가 아니므로, 그저 반가운 보너스로만 여겨져야 한다.

대칭의 문제도 있다. 이것 역시 다소 까다로운 문제다. 대안 주기율표를 지지하는 사람들은 자신의 주기율표가 원소들을 더 대칭적으로 더 가지런히 보여주기 때문에, 혹은 정확히 이유는 모르겠지만 아무튼 더 깔끔하고 아름답게 보여주기 때문에 우월하다고 주장할 때가 많다. 과학에서 대칭과 아름다움의 문제는 그동안 많은 논의가 이루어진 주제이지만, 아무튼 여느 미적(美的) 문제와 마찬가지로 여기서도 한 사람의 눈에 아름다워 보이는 것이 다른 사람 눈에도 꼭 그렇게 보인다는 법은 없다. 그리고 자연에 아름다움이나 질서를 부여하는 일에는 늘 신중을 기해야 한다. 실제 자연에는 그런 속성이 존재하지 않을지도 모르기 때문이다. 대안 주기율표를 주장하는 사람들은 자신의 표현 방법이 더 질서정연하다는 점만을 근거로 내세울 때가 많다. 그런 이들은 자신이 이야기하는 것이 화학적 세계 자체가 아니라 그 표현일 뿐이라는 사실을 잊고 있다.

몇몇 특별한 사례들

서론을 다 풀었으니, 본격적으로 몇몇 대안 주기율표를 살펴보자. 물론 이 논의는 앞에서 말했듯이 최적의 주기율표를 추구하는 일이 의미 있는 작업이라는 가정을 전제한 이야기다. 맨 먼저 왼쪽 계단식 주기율표를 살펴보자. 이 형태는 원소들을 기존 주기율표와는 상당히 다른 위치에 배치하기 때문에, 실질적으로 차이가 있다고 말할 수 있는 형태다. 왼쪽 계단식 주기율표를 처음 제안한 사람은 샤를 자네였고, 때는 양자역학이 등장한 직후인 1929년이었다. 사실 자네의 제안은 양자역학과는 전혀 관계가 없었고 그저 미적인 이유에만 의지했던 것 같지만, 곧 사람들은 왼쪽 계단식 주기율표의 몇 가지 중요한 특징이 기존 주기율표보다 양자역학적 원자 해석에 더 잘 부합할지도 모른다는 사실을 알아차렸다.

우선, 왼쪽 계단식 주기율표란 정확히 어떤 형태이고 기존 주기율표와 어떻게 다를까? 왼쪽 계단식 주기율표를 얻으려면, 일단 헬륨 원소를 비활성기체(18족) 꼭대기에서 알칼리토금속(2족) 꼭대기로 옮겨야 한다. 그다음 맨 왼쪽의 두 족을 통째 맨 오른쪽 끝으로 옮긴다. 그다음 보통 주기율표 바닥에 주석처럼 따로 떼어진 희토류 원소 28개 블록을 새로 만들어진 주기율표의 왼쪽으로 옮긴다. 그러면 희토류는 전이금속 블록의 왼쪽에 붙어서 주기율표에 온전히 통합된다.

새 주기율표의 한 가지 장점은 전체적인 모양이 더 가지런하고 더 통합되어 있다는 것이다. 게다가 기존 주기율표에서는 원소 두 개로 된 아주 짧은 주기가 하나뿐인 데 비해 왼쪽 계단식 주기율표에서는 그런 주기가 두 개다. 그러니 변칙적인 주기 길이가 딱 한 번만 나오는 것이 아니라 모든 주기 길이가 두 번씩 반복되어 2, 2, 8, 8, 18, 18⋯ 하는 식이 된다. 이런 장점은 양자역학과는 무관하다. 자네는 양자역학을 몰랐고, 이런 속성이 그냥 바람직하다고 여겼을 뿐이었다. 그런데 우리가 8장에서 보았듯이, 주기율표에 양자역학이 도입되자 과학자들은 이제 주기율표를 전자 배치로 설명할 수 있었다. 이 접근법에 따르면, 주기율표의 원소들은 각 원소를 차별화하는 전자(즉, 원자에 전자가 채워지는 과정에서 맨 마지막에 들어가는 전자)가 어떤 오비탈에 들어가느냐에 따라 서로 다른 원소가 된다.

기존 주기율표에서 맨 왼쪽 두 족의 원소들은 s블록이라고 불린다. 차별화 전자가 s오비탈에 들어가는 원소들이기 때문이다. 그로부터 오른쪽으로 나아가면 차례대로 d블록, p블록, 마지막으로 주기율표 몸통 아래에 따로 놓인 f블록이 나온다. 블록들의 이 순서는 가장 '자연스러운' 순서나 당연한 순서는 아니다. 원자핵으로부터 각 껍질까지의 거리는 오히려 다음 순서로 커지기 때문이다.

$$s < p < d < f$$

왼쪽 계단식 주기율표는 이 순서를 따른다. 단 거꾸로 따른다. 그러나 이 점이 정말 장점인가 하는 문제는 논쟁의 여지가 있다. 오비탈이 채워지는 순서는 오히려 아래와 같기 때문이다.

$$s < f < d < p$$

이것은 기존 주기율표, 적어도 확장형 주기율표의 블록 나열 순서와 정확히 일치한다. 더구나 굳이 따지자면 좀더 근본적인 속성으로 간주되어야 하는 것은 핵에서 오비탈에 든 전자까지의 거리라기보다는 전자가 오비탈에 채워지는 순서다.

그러나 왼쪽 계단형 주기율표에는 양자역학적 관점에서 또 다른 이점이 있을지도 모른다. 헬륨 원자를 보자. 그 전자 배치에는 의문의 여지가 없다. 전자 두 개가 모두 1s 오비탈에 들어 있다. 따라서 헬륨은 s블록 원소다. 그러나 기존 주기율표에서 헬륨은 비활성기체와 함께 놓여 있는데, 이것은 다른 비활성기체들(네온, 아르곤, 크립톤, 제논, 라돈)처럼 헬륨도 화학적 반응성이 극히 낮다는 화학적 성질 때문이다.

이 상황은 앞에서 이야기했던 과거의 텔루륨-아이오딘 순서 역전 사례와 비슷해 보인다. 그 경우에도 화학적 유사성을 보존하기 위해서는 원자량 순서를 무시해야 했다. 마찬가지로 헬륨에도 두 가지 선택지가 있는 듯하다.

1. 전자 구조가 주기율표에서 원소의 위치를 결정하는 최종적 기준은 아니다. 어쩌면 앞으로 다른 새로운 기준이 등장하여 전자 구조 기준을 대체할지도 모른다(과거에도 원소 정렬 기준이 원래 원자량이었다가 원자번호로 교체되어 순서 역전 문제가 해결된 적이 있지 않았는가).

2. 이와 유사한 사례가 또 있지는 않은데다가 현재로서는 어쨌든 전자 배치가 기준이니, 겉으로 드러난 헬륨의 화학적 비활성을 무시하는 편이 옳다.

쉽게 알 수 있듯이 1번 선택지는 기존 주기율표를 옹호하는 셈이고, 2번 선택지는 왼쪽 계단식 주기율표를 옹호하는 셈이다. 요컨대, 왼쪽 계단식 주기율표가 양자역학적 관점에서 더 나은가 하는 문제는 딱 이렇다 하고 결정하기가 쉽지 않다. 그런데 나는 이 복잡한 상황에 한 가지 요소를 더 추가하고 싶다. 4장에서 원소의 속성을 이야기할 때, 멘델레예프를 비롯한 몇몇 연구자들은 단순한 물질 혹은 분리된 물질로서의 원소라는 구체적 개념에 얽매여 있기보다는 추상적 의미의 원소 개념도 고려하는 편을 선호했다고 말했었다. 그런데 우리는 그런 추상적 원소 개념에 의지하여 헬륨을 알칼리토금속족으로 옮기는 행위를 정당화할 수 있을지 모른다. 원소의 화학적 성질보다 추상적 존재로서의 속성에 더 무게를 둠으로써 헬륨은 화학적 반응성을 보이지 않으니 반응성이 그보다 큰 알칼리토금속으로 분류하면 안 되지 않느냐는 우려를 불식할 수 있는 것이다. 그러나 이 주장의 설득력은 "만일 헬륨의 화학적 성질을 무시해도 좋다면, 알칼리토금속으로 옮겨도 '안 될 것은 없잖아?'" 하고 말하는 정도에 불과할 것이다.

새로운 기준: 세쌍원소를 유지하기, 혹은 새롭게 만들기

어쩌면 헬륨의 위치를 결정하는 데 있어서 이보다 더 강력하고 더 긍정적인 기준이 있을지도 모른다('안 될 것은 없잖아?'가 아니라 '이러는 게 좋겠네' 정도의 기준이다). 그리고 이 기준은 어쩌면 다른 모든 원소에도 적용될 수 있을지 모른다. 이 새로운 기준은 주기율표의 역사에서 한 바퀴 돌아 원점으로 돌아온 것처럼 보인다. 기억하겠지만, 원소들의 관계에 수치적 규칙성이 있을지도 모른다는 생각이 처음 등장했던 것은 1817년 되베라이너가 리튬, 나트륨, 칼륨처럼 중간 원소의 원자량이 나머지 두 원소의 원자량 평균에 해당하는 이른바 세쌍원소 집합을 발견한 때였다. 그러나 이후 주기율표에서 원자량에 따라 원소들을 나열하던 규칙은 원자번호에 따라 나열하는 규칙으로 교체되었는데, 이 변화가 주기율표 속 세쌍원소들에게는 어떤 영향을 미쳤을까? 결론적으로 세쌍원소 개념을 흐리기는커녕 오히려 강화했다. 원자량으로 계산할 때는 근사적으로만 성립하던 세쌍원소 관계가 원자번호로 계산하면 정확하게 성립하게 되었기 때문이다. 아래의 대표적인 두 원자량 세쌍원소의 경우를 보자. 원자량은 유효숫자를 네 자리 혹은 다섯 자리까지 표시했다.

Li	6.940	Cl	35.45
Na	22.99 (평균은 23.02)	Br	79.90 (평균은 81.18)
K	39.10	I	126.90

이 세쌍원소들의 원자번호는 어떤지 보자.

Li	3	Cl	17
Na	11	Br	35
K	19	I	53

나트륨과 브로민의 원자량은 각각 위아래 원소들의 평균에 근사값으로만 들어맞는 데 비해, 그 원자번호는 각각 위아래 원소들의 평균에 정확하게 일치한다.

그렇다면 헬륨의 위치 문제에도 원자번호에 따른 세쌍원소 관계를 고려하면 어떨까? 이 방법을 쓴 결과는 더없이 명확하다. 헬륨을 기존 위치대로 비활성기체들과 함께 놓으면, 세 원소가 완벽한 원자번호 세쌍원소를 이룬다.

He	2
Ne	10
Ar	18

반면 왼쪽 계단식 주기율표에서 그렇듯이 헬륨을 알칼리토금속족으로 옮기면, 완벽한 원자번호 세쌍원소 관계가 도리어 깨진다.

He	2
Be	4
Mg	12

역시 위치를 정하기 어려운 다른 원소들에 같은 기준을 적용한 결과

역시 오래전부터 골칫거리였던 또다른 원소는 다름 아닌 첫번째 원소 수소다. 화학적 성질에 따르면, 수소는 H^+라고 +1 이온을 형성하니까 1족(알칼리금속)에 속하는 듯하다. 그런데 수소는 좀 특이하게도 NaH, CaH_2 같은 금속수소화물에서처럼 H^- 이온도 형성한다. 이 행동으로 보자면 수소를 주로 -1 이온을 형성하는 원소들이 모인 17족(할로겐)으로 옮겨야 할 것 같다. 이 문제를 어떻게 확정적으로 결정할 수 있을까? 일부 주기율표 작성자들은 수소가 주기율표 본체 위에 위풍당당하게 '떠 있도록' 하는 편법을 구사한다. 요컨대, 가능한 두 배치 가운데 어느 쪽도 선택하지 않는 것이다.

내게는 그런 배치가 '화학적 엘리트주의'로 비친다. 다른 모든 원소들은 주기율에 복종해야 하지만 수소만은 왠지 특별해서 마치 옛 영국 왕족처럼 법 위에 군림해도 좋다고 허락하는 것 같다. 그렇다면 수소의 위치 문제에도 원자번호에 따른 세쌍원소 관계를 적용해보면 어떨까? 헬륨의 경우처럼, 이 경우에도 이 방법을 쓰면 결과가 더없이 분명하다. 수소가 알칼리금속들이 아니라 할로겐원소들과 함께 놓여야 한다는 결론이다. 수소가 알칼리금속들과 함께 놓인 기존 주기율표에서는 완벽한 세쌍원소 관계가 성립하지 않지만, 수소를 할로겐족 꼭대기에 놓으면 새로운 원자번호 세쌍원소가 나타난다.

H	1		H	1	
Li	3	$(1 + 11)/2 \neq 3$	F	9	$(1 + 17)/2 = 9$
Na	11		Cl	17	

																												H	He	Li	Be
																								B	C	N	O	F	Ne	Na	Mg
																								Al	Si	P	S	Cl	Ar	K	Ca
														Sc	Ti	V	Cr	Mn	Fe	Co	Ni	Cu	Zn	Ga	Ge	As	Se	Br	Kr	Rb	Sr
														Y	Zr	Nb	Mo	Tc	Ru	Rh	Pd	Ag	Cd	In	Sn	Sb	Te	I	Xe	Cs	Ba
La	Ce	Pr	Nd	Pm	Sm	Eu	Gd	Tb	Dy	Ho	Er	Tm	Yb	Lu	Hf	Ta	W	Re	Os	Ir	Pt	Au	Hg	Tl	Pb	Bi	Po	At	Rn	Fr	Ra
Ac	Th	Pa	U	Np	Pu	Am	Cm	Bk	Cf	Es	Fm	Md	No	Lr	Rf	Db	Sg	Bh	Hs	Mt	Ds	Rg	Cn								

40. 원자번호에 따른 세쌍원소가 최대한 많아지도록 만든 주기율표.

그러면 세쌍원소 관계를 근거로 헬륨과 수소의 위치를 결정한 결과를 하나로 묶어보자. 여러분이 내 추천에 따라 원자번호 세쌍원소 관계를 근본적인 기준으로 여긴다면, 헬륨은 18족에 남아 있어야 하지만 수소는 17족으로 옮겨져야 한다. 나는 그렇게 수정한 주기율표를 이전부터 여러 논문에서 제안해왔는데, 그림 40이 그것이다.

원자번호 세쌍원소 기준을 3족에 적용할 때

화학자들과 화학 교육자들 사이에는 오래된 논쟁이 또하나 있다. 주기율표에서 3족에 관한 문제다. 옛 주기율표들은 3족을 보통 아래와 같이 보여주었다.

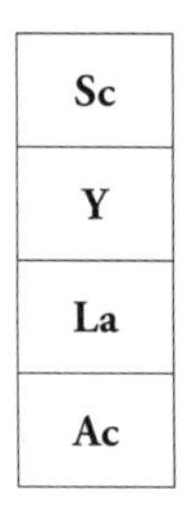

Sc
Y
La
Ac

반면에 좀더 최근의 교과서들은 3족을 아래와 같이 보여주기 시작했다.

Sc
Y
Lu
Lr

이것은 전자 배치를 근거로 한 수정이었다. 1986년, 신시내티 대학의 윌리엄 젠슨은 교과서 저자들이나 주기율표 설계자들이 3족을 두번째 형태로, 즉 Sc, Y, Lu, Lr로 보여주어야 한다고 설득력 있게 주장하는 논문을 발표하여 큰 영향을 미쳤다.

그러나 좀더 최근에 다른 몇몇 저자들은 Sc, Y, La, Ac로 돌아가는 것이 옳다고 방어하는 주장을 제기했다. 이 3족 구성 문제에도 원자번호에 따른 세쌍원소 개념이 시사하는 바가 있을까? 원자번호 세쌍원소를 고려하면, 이번에도 더없이 신속하고 확실하게 답이 나온다. 젠슨의 원소 구성이 낫다는 결론이다. 아래의 세쌍원소는 수치가 정확하다.

Y	39
Lu	71 = (39 + 103)/2
Lr	103

루테튬과 로렌슘을 3족에 둔
확장형 주기율표.

1 H																															2 He
3 Li	4 Be																									5 B	6 C	7 N	8 O	9 F	10 Ne
11 Na	12 Mg																									13 Al	14 Si	15 P	16 S	17 Cl	18 Ar
19 K	20 Ca															21 Sc	22 Ti	23 V	24 Cr	25 Mn	26 Fe	27 Co	28 Ni	29 Cu	30 Zn	31 Ga	32 Ge	33 As	34 Se	35 Br	36 Kr
37 Rb	38 Sr															*39* *Y*	40 Zr	41 Nb	42 Mo	43 Tc	44 Ru	45 Rh	46 Pd	47 Ag	48 Cd	49 In	50 Sn	51 Sb	52 Te	53 I	54 Xe
55 Cs	56 Ba	57 La	58 Ce	59 Pr	60 Nd	61 Pm	62 Sm	63 Eu	64 Gd	65 Tb	66 Dy	67 Ho	68 Er	69 Tm	70 Yb	*71* *Lu*	72 Hf	73 Ta	74 W	75 Re	76 Os	77 Ir	78 Pt	79 Au	80 Hg	81 Tl	82 Pb	83 Bi	84 Po	85 At	86 Rn
87 Fr	88 Ra	89 Ac	90 Th	91 Pa	92 U	93 Np	94 Pu	95 Am	96 Cm	97 Bk	98 Cf	99 Es	100 Fm	101 Md	102 No	*103* *Lr*	104 Rf	105 Db	106 Sg	107 Bh	108 Hs	109 Mt	110 Ds	111 Rg							

1 H																															2 He
3 Li	4 Be																									5 B	6 C	7 N	8 O	9 F	10 Ne
11 Na	12 Mg																									13 Al	14 Si	15 P	16 S	17 Cl	18 Ar
19 K	20 Ca															21 Sc	22 Ti	23 V	24 Cr	25 Mn	26 Fe	27 Co	28 Ni	29 Cu	30 Zn	31 Ga	32 Ge	33 As	34 Se	35 Br	36 Kr
37 Rb	38 Sr															39 Y	40 Zr	41 Nb	42 Mo	43 Tc	44 Ru	45 Rh	46 Pd	47 Ag	48 Cd	49 In	50 Sn	51 Sb	52 Te	53 I	54 Xe
55 Cs	56 Ba	58 Ce	59 Pr	60 Pr	61 Pm	62 Sm	63 Eu	64 Gd	65 Tb	66 Dy	67 Ho	68 Er	69 Tm	70 Yb	71 Lu	*57 La*	72 Hf	73 Ta	74 W	75 Re	76 Os	77 Ir	78 Pt	79 Au	80 Hg	81 Tl	82 Pb	83 Bi	84 Po	85 At	86 Rn
87 Fr	88 Ra	90 Ac	91 Pa	92 U	93 Np	94 Pu	95 Am	96 Cm	97 Bk	98 Cf	99 Es	100 Fm	101 Md	102 No	103 Lr	*89 Ac*	104 Rf	105 Db	106 Sg	107 Bh	108 Hs	109 Mt	110 Ds	111 Rg							

란타넘과 악티늄을 3족에 둔
확장형 주기율표.

41. 확장형 주기율표에서 루테튬과 로렌슘을 배치할 수 있는 두 가지 방안. 첫번째 형태에서만 원자번호가 끊이지 않고 이어진다.

그러나 아래의 세쌍원소는 부정확하다.

Y 39

La 57, 따라서 (39 + 89)/2 = 64와 일치하지 않는다

Ac 89

그런데 젠슨의 구성이 더 나은 이유가 하나 더 있다. 원자번호에 따른 세쌍원소 관계와는 무관한 이유다.

우리가 확장형 주기율표에서 루테튬과 로렌슘 또는 란타넘과 악티늄 중 한 쌍을 3족에 배치하려고 해보면, 둘 중 전자만이 타당한 듯하다. 그래야만 원자번호가 연속적으로 이어지기 때문이다. 그러지 않고 확장형 주기율표에서 란타넘과 악티늄을 3족에 두면, 원자번호 오름차순 수열에서 두 군데 지점에 확연한 이상이 생긴다(그림 41).

마지막으로, 사실은 선택지가 하나 더 있다. 그러나 이 세번째 선택지를 택하면, 그림 42처럼 d블록 원소들이 좀 어정쩡하게 둘로 나뉜다.

주기율표를 그림 42처럼 보여준 책이 없는 것은 아니지만, 이 형태는 아주 인기 있는 형태는 못 된다. 이유도 분명하다. 주기율표를 이렇게 보여주면 d블록이 둘로 쪼개지는데다가, 둘 중 한쪽은 폭이 원소 하나밖에 안 되어 좁지만 다른 쪽은

H																															He
Li	Be																									B	C	N	O	F	Ne
Na	Mg																									Al	Si	P	S	Cl	Ar
K	Ca	Sc															Ti	V	Cr	Mn	Fe	Co	Ni	Cu	Zn	Ga	Ge	As	Se	Br	Kr
Rb	Sr	Y															Zr	Nb	Mo	Tc	Ru	Rh	Pd	Ag	Cd	In	Sn	Sb	Te	I	Xe
Cs	Ba	La	Ce	Pr	Nd	Pm	Sm	Eu	Gd	Tb	Dy	Ho	Er	Tm	Yb	Lu	Hf	Ta	W	Re	Os	Ir	Pt	Au	Hg	Tl	Pb	Bi	Po	At	Rn
Fr	Ra	Ac	Th	Pa	U	Np	Pu	Am	Cm	Bk	Cf	Es	Fm	Md	No	Lr	Rf	Db	Sg	Bh	Hs	Mt	Ds	Rg							

42. 확장형 주기율표를 그릴 때 취할 수 있는 세번째 방안으로, d블록이 한 족과 아홉 족이라는 불균형한 두 덩어리로 쪼개진다.

원소 아홉 개로 넓기 때문이다. 주기율표에서 다른 블록들에는 이런 일이 없음을 감안할 때, 원소들의 자연적인 순서를 반영한 주기율표의 세 가지 선택지 중에서도 이 형태는 채택 가능성이 가장 낮아 보인다.

수소와 헬륨 문제로 돌아가서, 마지막으로 해둘 말이 있다. 나는 지금까지의 화학적 증거와 물리학적 증거로 보아 우리가 궁극의 주기율표를 결정할 수 있는가, 혹은 왼쪽 계단형 주기율표가 세쌍원소 반영 주기율표보다 더 나은가 하는 문제들에 아직 확실히 답할 수는 없다고 생각한다.

여러분이 이 책으로 주기율표가 아직 흥미롭고 더 발전할 여지가 있는 주제라는 사실을 알았기를 바란다. 그리고 내가 추천한 추가의 읽을거리까지 살펴볼 마음이 든다면 더 좋겠다.

감사의 말

내게 VSI 시리즈를 쓰라고 제안한 제러미 루이스를 비롯하여 옥스퍼드 대학 출판부의 모든 편집자와 직원에게 감사한다. 이 책을 쓰는 일을 도와준 동료들, 학생들, 사서들에게도 감사한다. 마지막으로 아내 엘리사의 사랑과 인내에 감사한다.

읽을거리

H. Aldersey-Williams, *Periodic Tales* (Viking, 2011)(휴 앨더시 윌리엄스, 『원소의 세계사』, 김정혜 옮김, RHK, 2013)

P. Ball, *The Elements: A Very Short Introduction* (Oxford University Press, 2004).

M. Gordin, *A Well-Ordered Thing* (Basic Books, 2004).

T. Gray, *The Elements: A Visual Exploration of Every Known Atom in the Universe* (Black Dog and Leventhal, 2009)(시어도어 그레이, 『세상의 모든 원소 118』, 꿈꾸는 과학 옮김, 영림카디널, 2012)

S. Kean, *The Disappearing Spoon: And Other True Tales of Madness, Love, and the History of the World from the Periodic Table of the Elements* (Little, Brown and Company, 2010)(샘 킨, 『사라진 스푼』, 이충호 옮김, 해나무, 2011)

E. Mazurs, *Graphical Representations of the Periodic System during 100 Years* (University of Alabama Press, 1974).

E. R. Scerri, *The Periodic Table, Its Story and Its Significance* (Oxford University Press, 2007).

E. R. Scerri, *Selected Papers on the Periodic Table* (Imperial College Press, 2009).

J. W. van Spronsen, *The Periodic System of Chemical Elements: A History of the First Hundred Years* (Elsevier, 1969).

추천하는 웹사이트

에릭 셰리의 웹사이트. 화학사와 화학철학 및 주기율표에 관한 정보가 실려 있다.
http://ericscerri.com/

'웹엘리먼츠'는 셰필드 대학의 마크 윈터가 운영하는 훌륭한 주기율표 웹사이트다.
http://www.webelements.com/

마크 리치의 '메타신세시스' 웹사이트에도 주기율표에 관한 훌륭한 개요가 소개되어 있다.
http://www.meta-synthesis.com/webbook/35_pt/pt_database.php

역자 후기

2019년 올해는 유네스코와 유엔이 정한 국제주기율표의 해다. 러시아 화학자 드미트리 멘델레예프가 최초의 현대적 주기율표를 발표한 해가 꼭 150년 전인 1869년이었기 때문이다. 그래서 한 해 동안 전 세계에서 주기율표에 관한 학회, 교육 행사, 강연 등이 많이 열릴 예정이다.

그러니 첫단추 시리즈 중에서도 『주기율표』를 올해 번역하여 내게 된 게 공교롭게도 의미 있는 일이 되었다. 그리고 혹 국제주기율표의 해라니까 주기율표에 관한 책을 한 권 읽고 싶다는 독자가 있다면, 이 책은 좋은 선택이다. 2011년에 출간된 책이기는 하지만 수정해야 할 부분이 없고, 저자 에릭 셰리는 주기율표의 역사와 의미를 연구하는 데 있어서 손꼽히는 학자다. 셰리가 펴낸 모든 논문과 책의 주제가 주기율표이고, 올해 그는 국제주기율표의 해 관련 주요 학술 행사에서도 조직위원으로 일하고 있다. 더구나, 주기율표를 이루는 화학 원소들에 관한 책은 제법 많아도 주기율표 자체를 다루는 책은 거의 없다. 과학을 발견의 역사로만 이야기하는 관행 탓도 있을 텐데, 그래서 대부분의 사람들은 멘델레예프가 어느 날 꿈에서 원소들의 표를 보고는 주기율표를 떠올렸다더라 하는 탄생 설화 정도만 배웠을 것이고 그 이상은 어디서도 별로 들어보지 못했을 것이다.

하지만 멘델레예프는 꿈에서 주기율표를 본 게 아니었다. 이 책을 읽으면 알 수 있다. 그뿐 아니라—비록 우리가 그의 첫 주기율표 작성 시점을 기준으로 삼아서 국제주기율표의 해를 기념하기는 해도—멘델레예프가 최초의 발견자도 아니었다. 굳이 따지자면 그보다는 독일 화학자 율리우스 로타어 마이어의 주기율표가 더 일렀다고 한다. 멘델레예프가 처음으로 주기율표에서 빈칸을 남겨두고 그곳에 들어갈 원소의 성질을 예측했다는 것도 사실이 아니다. 그 이전에도 원소표를 통해서 그런 예측을 감행했던 사람들이 더러 있었다.

주기율표에 우리가 익히 아는 2차원 직사각형 형태만 있는 건 아니라는 사실은 또 어떤가. 주기율표에는 여러 형태가 있다. 3차원도 있고, 타원형도 있다. 2차원 직사각형 형태라도 원소들의 위치를 다르게 배열할 수도 있으며, 심지어 가장 중요한 원소인 수소의 위치조차 아직 토론이 이어지고 있는 문제다.

주기율표가 '다 완성된 프로젝트'인 것도 아니다. 이제 과학자들이 원소번호 118번 너머의 원소들을 인공적으로 합성하려고 애쓰고 있으니 앞으로 주기율표에는 새 주기가 생길 것이다. 주기율표의 주기성을 양자역학으로 환원적으로 설명해내려는 시도도 완성되지 않았다. 물리학이 아직 주기율표를 온전히 설명해내지 못하는 부분들이 있고, 그것이 현재 물리학의 한계인지 주기율표의 한계인지는 우리가 미래에야 알게 될 것이다.

이 모든 이야기가 이 얇은 책에 잘 간추려져 있다. 그리고 이 책 다음으로 읽을 책을 찾는 독자에게는 우선 셰리의 또다른 책 『일곱 원소 이야기』를 권한다. 주기율표에서 우라늄 아래 원소들 중 맨 마지막으로 발견된 일곱 원소를 중심으로 원소 발견의 우선권 문제를 살펴본 책이다. 좀더 재미난 일화 중심의 주기율표 이야기를 찾는 독자에게는 샘 킨의 『사라진 스푼』을 권한다. 주기율표 자체와 그 속의 원소들을 둘러싼 인간 드라마를 흥미진진하게 엮었다. 휴 앨더시 윌리엄스의 『원소의 세계사』도 비슷한 책인데, 샘 킨과 휴 앨더시 윌리엄스의 책에 관해서는 에릭 셰리도 이 책의 1장에서 언급했다.

역시 셰리가 언급한 책 중 올리버 색스의 『엉클 텅스텐』, 프리모 레비의 『주기율표』도 번역서로 구할 수 있다. 『엉클 텅스텐』은 신경의학자였던 색스가 어린 시절 화학원소들과 실험에 매료되었던 일을 회상한 이야기이고, 『주기율표』는 화학자이자 아우슈비츠 생존자였던 레비가 원소들에서 떠오르는 연상을 토대로 자신의 인생을 회고한 에세이집이다. 둘 다 과학책은 아니지만, 셰리도 이 책에서 언급했을 만큼 좋은 글들이니 추천하지 않을 이유가 없다. '화학적 자서전'이라 부를 만한 두 책은 주기율표에 관한 가장 문학적인 글들일 것이다.

도판 목록

11. 크레메르스의 산소 서열 원소들 간의 원자량 차이. 074

12. 드 샹쿠르투아가 '텔루륨 나선'이라고 불렀던 나선형 주기율표. 081
A. E. Beguyer De Chancourtois, 'Vis Tellurique: Classement naturel des corps simples ou radicaux, obtenu au moyen d'un systeme de classification helicoidale et numerique', *Comptes Rendus de L'Academie*, 54, 757-761, 840-843, 967-971, 1862. 다음과 같이 복원. J. van Spronsen, The Periodic System of the Chemical Elements, the First One Hundred Years, Elsevier, Amsterdam, 1969, p. 99.

13. 뉴랜즈가 1863년 발표한 원소 분류 체계 중 첫 일곱 개 집단. 083
J. A. R. Newlands, 'On Relations among the Equivalents', *Chemical News*, 7, 70-72, 1863, p. 71.

14. 뉴랜즈가 1866년 런던화학협회에서 발표한 옥타브 법칙 표. 086
J. A. R. Newlands, 'Proceedings of Chemical Societies: Chemical Society', *Chemical News*, 13, 113-114, 1866, p. 113.

15. 오들링의 세번째 원자량 차이 표. 088
W. Odling, 'On the Proportional Numbers of the Elements', *Quarterly Journal of Science*, 1, 642-648, 1864, p. 645.

16. 힌리히스가 1864년 작성한 행성 거리 표. 092
G. D. Hinrichs, 'The Density, Rotation and Relative Age of the Planets', *American Journal of Science and Arts*, 2(37), 36-56, 1864, p. 43.

17. 힌리히스의 주기 체계. 094
G. D. Hinrichs, Programm der Atomechanik oder die Chemie eine Mechanik de Pantome, Augustus Hageboek, Iowa City, IA, 1867. 다음은 간추린 판본. J. van Spronsen, The Periodic System of the Chemical Elements, the First One Hundred Years, Elsevier, Amsterdam, 1969.

18. 로타어 마이어가 1862년 발표한 주기율표. 097
J. Lothar Meyer, *Die modern theorien und ihre Bedeutung fuer die chemische Statisik*, Breslau(Wroclaw), 1864, p. 135.

19. 로타어 마이어가 1868년 작성한 주기율표. 099

20. 에카규소(저마늄)의 성질에 대한 멘델레예프의 예측값과 실제 관측값. 117

주기율표

THE PERIODIC TABLE

1판 1쇄 발행 2019년 3월 5일
1판 2쇄 발행 2021년 1월 11일

지은이 에릭 셰리
옮긴이 김명남
펴낸이 신정민
편집 최연희
디자인 강혜림
저작권 한문숙 김지영 이영은
마케팅 정민호 김경환
홍보 김희숙 김상만 함유지 김현지 이소정 이미희
제작 강신은 김동욱 임현식

제작처 한영문화사(인쇄) 한영제책사(제본)
펴낸곳 (주)교유당
출판등록 2019년 5월 24일 제406-2019-000052호
주소 10881 경기도 파주시 회동길 210
문의전화 031) 955-8891(마케팅) 031) 955-2692(편집)
팩스 031) 955-8855
전자우편 gyoyudang@munhak.com
ISBN 978-89-546-5515-6 03400

• 이 도서의 국립중앙도서관 출판예정도서목록(CIP)은
서지정보유통지원시스템 홈페이지(http://seoji.nl.go.kr)와
국가자료종합목록 구축시스템(http://kolis-net.nl.go.kr)에서 이용하실 수 있습니다.
(CIP제어번호: CIP2019004221)